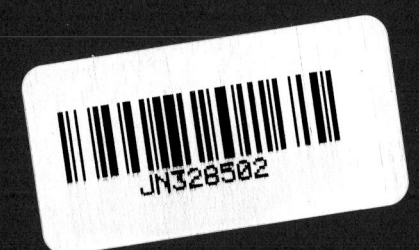

キューガーデンの
植物誌

キャシィ・ウイリス、キャロリン・フライ　川口健夫 訳

PLANTS
FROM
Roots
TO
Riches

原書房

キューガーデンの
植物誌

PLANTS
by Kathy Willis and Carolyn Fry

First published in Great Britain in 2014 by John Murray,
An Hachette UK Company

Japanese translation published by arrgement with
Hodder & Stoughton Limited, an imprint of Hachette UK Ltd.
through The English Agency (Japan) Ltd.

The BOTANIC MACARONI

CONTENTS

まえがき

地球上で最初に繁栄したのは植物であった。海洋植物の登場は、なんと38億年前にも遡《さかのぼ》る。地球上に陸地が形成された後、植物は陸地に進出し、4億8000万年前頃には地表を薄い、緑のカーペットで覆うまでに進化していった。一方、初期の人類がその最初の痕跡を残したのは、およそ200万年前にすぎない。

植物は人類よりも大きな存在で、現生人類と呼ばれる種が一種であるのに対して、植物の種は約50万種にものぼっている。有機化学的結合をした炭素の量でも、地上の比較では動物種の1000倍もある。

人類にとって植物の存在は不可欠であり、植物は、酸素、食物、衣服、住居、燃料、医薬、移動手段から記録媒体までをも提供する。植物は、我々が必要とする原材料を提供し、現在、人類による自然破壊が繰り返される状況にありながらも、無限の供給力を維持し続けている。我々は、この驚くべき受容性と寛大さの根本を知り、その力がどのように働き、どのようにその力を保持できるかを考えなければならない。さらに、人類の怠慢、事故、重大な誤りによって、この植物の力に損害を与えてはならないことを、理解していなければならない。

地球上での植物の重要性について、学術的な探求が行われるようになってから200年足らずであることも驚きに値する。植物学という学問分野が知られるようになってからも、科学の世界では、どちらかというと新参者で、その地位を維持するには多大な努力が必要であった。植物学上の多くの仕事は、ロンドンの中心部から西に約10マイル（約16km）、テムズ川の流れが緩やかで優雅な湾曲部にある、キューの王立植物園で行われてきた。

キューガーデンは1759年、ジョージ二世の長男フレデリック皇太子妃のオーガスタ妃によって設立され、美しいロンドン郊外の中心に、王立公園ならびに人気の行楽地として位置することから、いったん、植物学が人気の学問になると、キューはその受け皿として理想的な場所になった。ここに、植物園の概念が誕生し、そこには公園や科学研究機関としての役割も含まれていた。キューの分身は世界中に拡散し、地球上における植物生態の多様性とその素晴らしさを共有する独特のネットワークを形成している。

現在のキューでは、植物に学名を与える分類学者、植物の比較検討を行う体系学者、自然保護学者、植物の健康に関する専門家など、300名を超す科学者が、政治、経済から土地利用、植物の資本的価値から食料価値に至るまで、広範囲の研究を行っている。キューが設立されてからの250年間、当然、科学に対する認識は変化し、たとえば分子生物学やその研究手段など急速な進歩があったものの、科学者が追求してきた本質的課題については、大きな変化はみられない。

初期の植物学者は純粋な開拓者であった。彼らは、しばしば偏見や無関心と戦ってきた。植物学はいわゆる正式な科学ではなく、よくても、紳士淑女が庭いじりする際の嗜みとして受け止められていた。偉大な植物学者も、その初めの職業は、庭師や技術者、時には修道士や司祭ですらあった。彼らは変わり者と見られており、仲間も、クック船長の最初の航海に同行したジョセフ・バンクスのように、新天地の征服や発見を行った遠征者として認められるだけであった。これら開拓期の科学者は特異な性格を有していて、成功と悲劇を体現している。その中には、自ら間違った木を採取し、間違った樹皮を標本に加える場合もあった。一方、蜂のような外見の蘭から、葉の上を歩行できるような睡蓮まで、その主役は植物自身にあった。これらの植物は、人々を強く魅惑し、その耕作や生育、時に大英帝国の僻地からもたらされる食用植物の栽培方法にまで、その巨大な謎に対して、否応なく強い興味が惹起された。

偉大な科学者の言葉によれば、重要なのは、単に事実を積み上げることではなく、疑問に挑戦し、その答えを得ることだとされる。今日、地球が直面する大きな課題 – 気候変動（特に、大気中二酸化炭素濃度の上昇）、人口増加、食糧問題と疾患などは、人類と植物の関係を象徴的に表している。これらの問題のいくつかは、間違いなく植物によって解決可能である。用語や尺度は変化しているかもしれないが、遺伝的多様性に対する理解の欠如から（1850 年代のアイルランドで起きた飢餓ように）、国全体を飢饉にさらすことなどはない。しかし本書を読んでみると、過去の科学者が、しばしば今日と同じ疑問、すなわち「植物はいかにして、その最も有用な形質を次世代に伝えるのか？」に直面していることに気が付く。エンドウ豆を調べているグレゴール・メンデルに聞いてみよう。政治が科学の自由を踏みにじった時、何が起きるか？　レニングラード包囲戦の最中、後に数百万の人々を飢えから救う貴重な植物種を守って、寒い地下室で餓死したニコライ・ヴァヴィロフらの悲劇が物語っている。

本書は、植物学の学術的発展過程を、その創成期から現代に至るまで、新たな表現で記述している。過去 200 年間に見出された植物学上の重大な発見に注目し、キュー王立植物園を通してその歴史的意義を見つめている。キューは、時に科学的飛躍を牽引する中心となり、またある時には他の場所での発展に応答してきた。キューは、常にあらゆる自然と知的世界からもたらされる、思想と標本と情報センターとして機能してきた。

本書の内容は、現在のキューでも続けられていることである。キューに対する熱狂的な支持者の団結が強かった時代ほどではないが、今でもキューには科学者が在籍しており、ジョセフ・フッカー元園長と同時代のジョージ・ベンサムは、植物の重要性を強く信じて活動し続けていた。植物からいかに学ぶかについて、彼らの考え方は現在のキューにも受け継がれている。

こうした考え方が、今ほど必要とされている時代はないにちがいない。

キャシィ・ウイリス
2014 年 6 月

I

バラの名はバラ

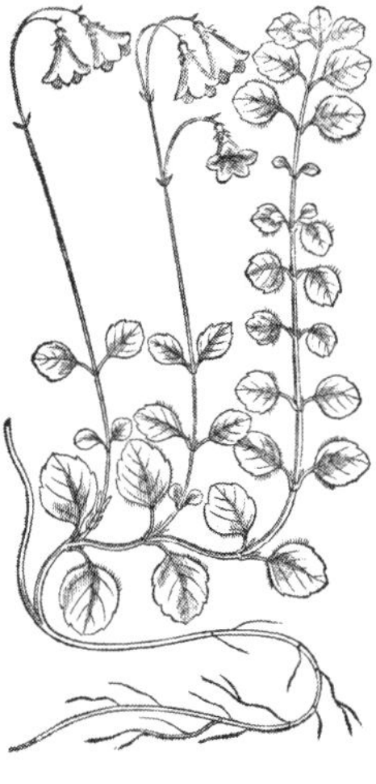

カール・リンネの主要著書
「自然の体系 *Systema Naturae*」（1748 年版）からの肖像。

キューガーデンの正門を入ると、ガラス張りの植物用大聖堂パーム・ハウスが目に入る。パーム・ハウス内の南端に、キューで最古参の木があり、それはヤシに似たソテツである。樹皮はダイヤモンド型のモザイク模様がワニのようで、ガラス張りの温室の屋根に届くほど大きく、光沢のあるヤシに似た葉が風になびく。この外観上の美しさだけでなく、ソテツには複数の理由から驚くべき特徴がある。第一に、この木が格別に古いヤシ類に属していることである。針葉樹の仲間で球果を付けるソテツ属は、約2億8000万年前に出現した。いくどもの氷河期を経験し、恐竜時代を生き抜き、大半の被子植物や哺乳類よりも先に誕生している。

特にここにある展示木は、おそらくキューガーデンの開園前からあり、我々が現在使用している植物の命名法誕生以前に遡《さかのぼ》る、世界最古の鉢植えのひとつである。アメリカ合衆国建国の前年、1775年から植えられていたとは信じがたいことである。小氷期の終わり、この木がテムズ川の凍てついた川岸で生育していた頃、世の中はナポレオン戦争の最中で、最初の蒸気機関による旅行が始まった時代である。この木は、ジョージ三世、ヴィクトリア女王、チャールズ・ダーウィンらにも大切にされた。この常緑樹は、キューが担っている植物学という学問が、世界の複数の国家や研究機関からの支持を受けて、紳士の趣味から国際的重要性をもった科学に発展し、地球の自然保全と国際経済に関わる重大な問題に、取り組んでいく過程を見守ってきた。

この植物の学名は *Encephalartos altensteinii* で、南アフリカ原産、植物園最初のプラントハンターだったフランシス・マッソンによって、キューに持ち込まれた500種中のひとつである。キューの実質的な園長だったジョセフ・バンクスの命を受けて、マッソンは、1773年に東ケープタウンの雨林帯から、ソテツの若木を採取した。それは、陸路とロンドン港までの海路を経て、さらにボートでテムズ川をのぼり、キューに到着するまでに 2 年を要した。その到着は、当時存命だった国王ジョージ三世の母オーガスタ妃を喜ばせた。オーガスタ妃は、1759 年にキューガーデンを設立した当初から「地球上のあらゆる植物の収集」を希望していたからである。

18 世紀の後半までに、キュー自慢のソテツは鉢植えにされたものの、その方法は西洋においては 2000 年以上前からすでに確立されていた。植物の科学的研究は、アリストテレスの弟子で、哲学者・科学者であったテオフラストスが、現存する最初の論文を発表しているが、古代ギリシア時代にまで遡《さかのぼ》る。現存する「植物誌 *Enquiry into Plants* 」9 巻と、「植物原因論 *Causes of Plants* 」6 巻は、紀元前 300 年頃の作品で、地中海を越えた地域を含め、約 500 種の樹木、低木、草、穀類、さらには植物の分泌液とその薬用について記述されている。その序文で、テオフラストスは植物の分類方法について触れ、その根本的構成要素を定義し、同定する難しさについて述べている。ギリシアの植物に関する情報の多くは、明らかに彼自身の観察によるものである。テオフラストスのとった手段は驚くほど現代的で、植物の各部位、花、花穂、葉、果実などが、その存在期間が短いにもかかわらず、動物のどの器官に相当するかを考えていた。

テオフラストスは、多くの業績が現代植物学の原型を提示していることから「植物学の父」と呼ばれている。植物に対する観察手法が系統的であったことに加え、議論の円滑化のために、植物学上の専門用語を創出し、階層的な命名法も生み出した。彼の興味は、植物分布と気候の関係など、世界の植物にも及んでいた。また、ヴィクトリア王朝時代の植物学の発展としては、園芸および薬用の観点における知見を伴った有用植物に対する注目度の向上がある。ただし、テオフラストスが単なる実用書の作成ではなく、植物全体に対する啓蒙を追究していたことは明らかである。

植物学の教科書の多くは、薬用植物に注目していた。紀元50年、ローマ軍の軍医だったと思われるディオスコリデスは、その著書「マテリア・メディカ *De Materia Medica*」に650種の薬用植物を掲載し、その内容は、その後1500年にわたって利用され続けた。15世紀までに植物学者は初期の分類法を確立し、幅広く植物相の特徴を理解するようになった。この頃には薬用植物の庭、すなわち「薬草園」が、修道院や医学校に設置されるようになった。16世紀になると、薬草園はより系統的な発展を遂げ、1544年にはピサ、1545年にはパドヴァ、続いてフローレンス、ボローニャ、ライデン、パリ、オックスフォードなどで次々と開園した。1555年の時点ではスペインの宮廷医アンドレ・ラグナが、スペイン王に対して「イタリアの諸侯や大学は、世界中から採集した種々の植物を配した庭園の所有を自慢にしている。スペイン王におかれても、王室費をもって、そうした庭園を所有すべきでしょう」と上申した。

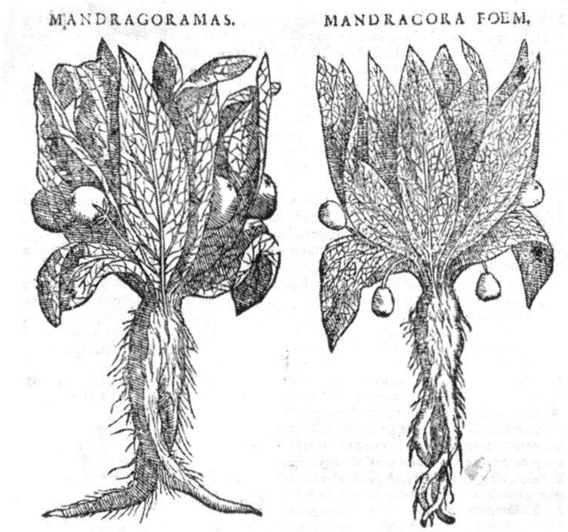

マンドレーク、ディオスコリデス著、
「マテリア・メディカ *Materia Medica*」の復刻版より。

1545年に設立されたパドヴァの薬草園。

当初、こうした薬草園の規模は小さく、花壇は伝統的な幾何学的配置で、美しさと表象性が重視されていたが、1600年までには、地理学や植物種に基づいたより実際的な配置が標準になっていった。薬草園は医学校と深い関係にあり、見習い薬剤師が植物の同定と医薬の製造方法を学ぶ場であった。薬草園では、植物に正確に命名することが重要視され、植物を薬用に供するためには必須の事項であった。この努力が、現代の植物標本（植物を圧縮して紙上に保存したもの。腊葉《さくよう》標本、押し花）を確立している。

多くの観点から、キューのような現代の植物園は、生きている植物、腊葉標本、および書籍の収集から成り立っていて、初期の「薬草園」から直系の存在といえよう。

しかし、薬草園が薬用植物の栽培拠点から、希少植物の展示場になるのに長くはかからなかった。クリストファー・コロンブスのアメリカ大陸発見や、バスコ・ダ・ガマのインドへの大航海によって、世界中で新しい植物が次々と発見されてヨーロッパに持ち込まれ始めた。これを受けて、植物学の発展も目覚しく、イングランドの自然学者ジョン・レイは、1686 年発刊の著書「植物誌 *Historia Plantarum Generalis*」に、17000 種の植物を掲載した。

にもかかわらず、ジョン・レイや同世代の学者は、新種の植物への命名と分類に関しては、テオフラストスの時代レベルの問題を抱えていた。レイは、17 世紀の末に現代植物学の基礎となる「科」「属」「種」による植物の分類の確立に貢献した学者のひとりである。鍛冶屋の息子に生まれ、地域の教会から援助を受けてケンブリッジ大学に学び、ヨーロッパ各地を旅して、各地域の植物を収集した。植物の種を見分けるためには、植物のどのような特徴に注目すべきかを考え、大きさや匂いなど「偶然」の変化に左右される性質ではなく、花や種子など、変化の少ない性質を「基本的」性質として重視した。他の偉大な植物学者と同様に、広い分野に興味をもち、植物の内部で起こる変化（植物生理学）の発展にも大きく貢献している。著書「植物誌」は、現代植物学において最初の教科書とみなされている。

植物の分類法は、大きく発展したものの、同一の植物に対して長い名前が付けられていることが、分類学の発展を妨げていた。ヒナギクひとつに与えられた名称は、3 行にもおよぶラテン語名であった。同一の植物に対して、異なった名称も存在した。たとえば「紅色の葉」か「赤い花」のどちらを最初に記述するか、植物学者の好みに依存して命名されていたのである。作家で科学史家でもあったジム・エンダースバイは、以下のように記述している。

植物名は、多くの混乱の原因である。植物園園長、収集家、植物学の学生は、それぞれが独自の命名法を有している。専門家も同じ命名法を受け入れず、したがって、どれだけの植物種が存在するかを知ることは不可能である。植物学におけるこのバベルの塔のおかげで、植物学者間では会話が成り立たない事態が生じている。各植物学者は自分自身で付けた植物名を使うだけでなく、独自の学閥すら形成していて、しばしば、まったく異なった言語で書いたり、話したりしているという状態なのだ。

ここに、ひとりの男が問題の解決に取り組むことになる。スウェーデンの自然学者カール・リンネは、幼少期から自国の植物を集め、記録し、探求する植物愛好家であった。リンネの父親は聖職者であり、熱心な園芸家でもあった。父親は、幼い息子の揺り籠を花で飾り、芝と花の上にのせて自らの手で息子を抱いたと記録されている。この息子は薬学を修め、後にスウェーデンのウプサラ大学の教授になった。リンネは、薬物——特に予防薬としての栄養素の研究で重要な貢献を行い、またラップランドのサーミ人に対する、医療人類学の分野で先駆的な業績を残した。しかし、実際の名声は、動植物の命名への功績である。

リンネは、帝国覇権の欠如、輸入品への依存、支配層の退廃などによって、将来、スウェーデンが破滅するのではないかと危惧していた。新しい富の源泉が必要であった。リンネは、イギリス、フランス、スペイン、ポルトガル、オランダなどの植民地からヨーロッパに到来する新しい植物に、解決の糸口を感じていた。茶、米、ココナッツなどのような外来産物をスウェーデンで育てることができれば、スウェーデンは経済的に独立できると考えた。熱帯産の植物が、寒冷なスウェーデンで生育するはずもないことは、リンネの頭には浮かばなかった。「もしココナッツが手に入ったら、それは開けた口にフライドチキンが飛び込んでくるようなもの」と、リンネは熱く語っていた。

テオフラストスとリンネが、ともに植物学の経済性に興味を示したのは偶然ではない。有用植物の研究は、常に植物学の中心的な課題であり、ひとつには、医薬品の大半が、植物から直接得られた時代には、薬学と植物学が強く結びついていたからである。リンネ、ダーウィン、

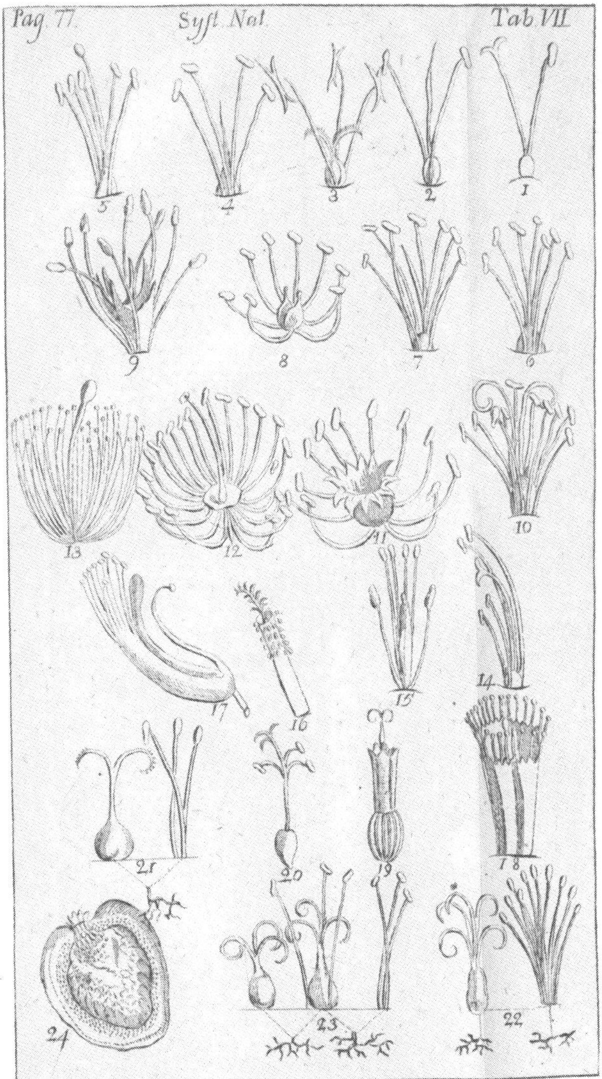

1748 年版、リンネが関わった
「自然の体系 *Systema Naturae*」のイラスト。

キューのジョセフ・フッカーなど、17〜18世紀に活躍したヨーロッパの植物学者は、基本的には薬学者であった。

植物学の世界におけるリンネの二大業績は、第一に、植物およびその他の生物に適用できる、実用的な分類方法を開発したこと。第二には、植物の命名について、長い名前に変えて、属と種の組合せからなる現代的な命名法を編み出したことである。これら二つの発明によって、18世紀の探索航海によって発見された、多くの新種の分類と命名が容易に行われた。この頃には植物学は富裕層の人気を得ることになり、その結果、貧乏学生だったリンネには、植物学論文に接することが困難になった。この時期、初心者や、俄《にわ》か植物学者を対象にした平易な実用書が出版されたのも、このような状況に対応するためのものであった。

リンネの業績である「自然の体系 *Systema Naturae*」は、1735年、リンネがまだ27歳の時に発刊された。リンネは植物の分類に、綱、目、属、種、品種の5項目の階層を用いた。雄しべの数と形状から、被子植物を23の綱に分類し、雄しべを夫と命名した。カンナのような、単雄蕊綱《たんゆうずいこう》（*Monandria*）の植物は雄しべ（雄蕊）が1本しかなく「一夫制」である。クワガタソウなどの二雄蕊綱《にゆうずいこう》（*Diandria*）の植物は、雄しべ（雄蕊）が2本あり「二夫制の婚姻」と呼ばれた。リンネの20番目の綱は、ケシ（*Papaver*）を含む多雄蕊綱《たゆうずいこう》（*Polyandria*）で、1本の雌しべを20本以上の雄しべが取り囲んでいる。リンネは、さらに、24番目の綱として、コケ類のような生殖器が確認できない植物群に対して、隠花《いんか》植物（*Cryptogamia*）の綱を設定した。リンネはまた「綱」を、雌の生殖器に基づいて分割した。

この分類方法は、性的表現を用いたため、一部の人々から非難を浴びもした（その結果、植物学は、良家の若い女性には良き教養とは見なされなかった）。

カーライルの司教になった、聖職者サミュエル・グッドイナフは「リンネの植物学に関する最初の翻訳は、謙虚な女性には衝撃を与えた」と非難している。「貞淑な学生の多くは、分類学上の *Clitoria* と女性器の相似性を理解できないでしょう」このような非難にもかかわらず、この分類方法は植物間に人為的に認められた関係、特に花の特徴に根ざしていたため、非常に実用的であった。鋭敏な植物学者は、植物種を素早く分類できるようになったのである。

長いラテン語で綴られた煩雑な植物学名に対して、リンネは、属と種の二つの単語による命名法に到達した。属を、花と果実が類似する種を統合したものとした。その際、種の名前は、同じ属中の他の植物と区別ができるように配慮した。これによって、植物名は網羅的な記述である必要がなくなった。この方法に従えば、属名と種名がわかれば、簡単に分類学上の記述を調べることができる。この管理形態の元では、植物名には出所などを種名として使用することができる。

1753 年、リンネは、「植物の種 *Species Plantarum*」を出版、彼の二項式分類法によって 6000 種の植物を掲載し、それぞれについての説明を加えた。この機能性のおかげで、リンネの分類法と命名法は植物学の世界で　急速かつ好意的に受け入れられ、植物学を身近なものに発展させた。その結果、リンネが高価な中国茶の代用品として、熱心に普及に努めたリンネソウは、*Linnaea borealis* と命名された。

「植物学者は、素人とは異なり、植物をその学名から特定し、同定することが可能になり、世界中の人々が理解しあうことへと至った」と、リンネ自身が書いている。

このリンネの業績によって、キューの古いソテツは、他の動植物と同様に二つの部分で構成される学名をもつことになった。その属名 *Encephalartos* はギリシア語に由来し、その意味は「頭部のパン」(これは、ソテツの幹からデンプン質の髄を採取し、それを捏ねてパン生地を作ったことによる)。一方、その種名 *altensteinii* は、19 世紀ドイツの政治家アルテンシュタイン (Karl vom Stein zum Altenstein) にちなんでいる。リンネが考案した方法は、単なる生物の命名法ではなく、自然界を構築する組織を解明するための、標準的階層化を確立するものであった。ヴィクトリア時代の自然学者は、植物を表す文法、花の言葉を手にしたのである。

2

社会性を有する植物

BANKSIA SERRATA. Tab. 540.

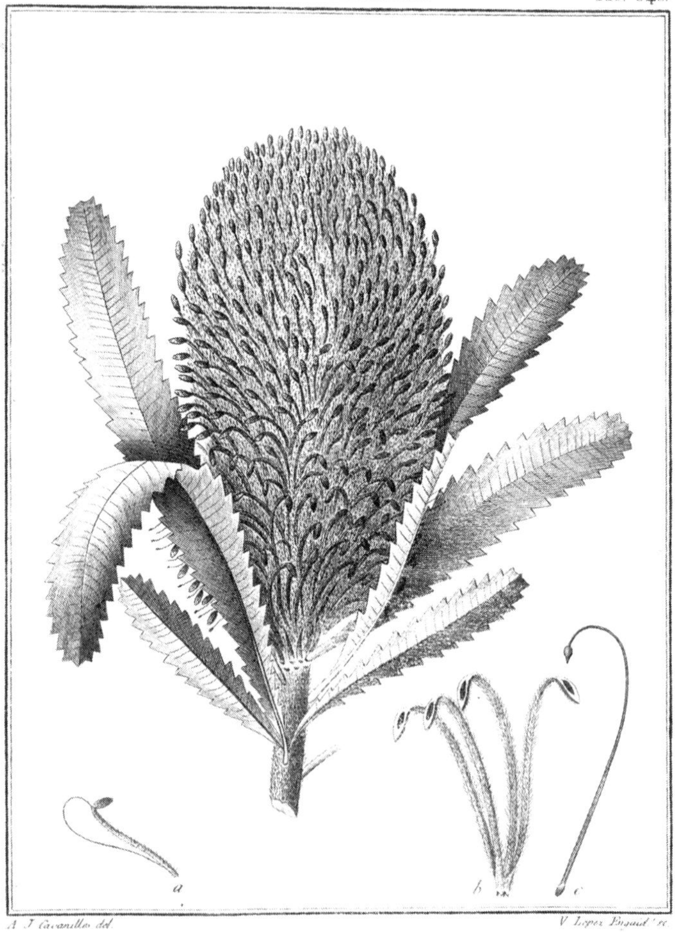

A. J. Cavanilles del. V. Lopez Enguid. sc.

バンクシア、*Banksia serrata;* オーストラリア原産、
ジョセフ・バンクスが採取し、彼によって命名された。

ロンドンのピカデリーを行き来する観光客やビジネスマンの足元には、高い安全性を有する地下室が存在している。1969 年に設置された、二つの扉で仕切られ、外壁と空気を閉鎖した内装からなる頑丈な保管庫である。その内部は気温と湿度の変化が持続的に記録され、職員はどんな急激な変化にも対応している。4 メートル× 5 メートル四方の窓のないコンテナは、その設置場所から想像されるように、現金や宝石を保管するためのものではなく、別の貴重品のための設備である。

マホガニー製の壁と、引き出しの背後にあるのは、カール・リンネの著作とその乾燥標本である。内容は、ガラスの蓋で密閉された蝶類、甲虫類、貝殻、および紐で括られた容器に収められた 14000 種以上の乾燥植物標本、リンネの原稿、自筆のメモ、および彼の主要著作である「自然の体系 *Systema Naturae*」と「植物の種 *Species Plantarum*」の原稿などである。

スウェーデン人として生まれ、生涯の大半を国内で過ごしたリンネの物理的遺産が、イギリスに存在するのは驚きではあるが、これは偶然から生じている。

1778 年、この偉大な自然科学者が 70 歳で死んだ後、収集品は妻のサラ・リンネが相続した。収集品を安全に管理したいと考えたサラは、ジョセフ・バンクスに相談した。サラからの手紙を受け取った時、バンクスは、若い自然学者ジェームズ・エドワード・スミスと朝食を共にしていた。そこでバンクスはこの収集品を購入することで、若いジェームズの名前が科学の世界で知られるようになる、と進言した。

ジェームズの父親は裕福な羊毛商で、最初は購入に消極的であったものの、結局、14000 種の植物、3198 種の昆虫、1564 種の貝殻、およそ 3000 通の手紙と 1600 冊の蔵書を買収し、その直後にリンネ協会を設立した。その結果、現在もこの地下の保管庫には完全な形で収集品が存在している。スミスによるこの買収は、リンネが開発した自然界の分類法発展のための素材がイギリスに持ち込まれるという、植物学史上の重要な転機になった。

リンネの植物標本と蔵書がスウェーデンから持ち出されることを知ったスウェーデン人が、収集品を積んだロンドン行きの船を追って軍艦を派遣したものの間に合わなかったという話は、出所が確かではない。事実、ジョセフ・バンクスは、1788年2月、スウェーデンの植物学者で分類学者だったオロフ・シュヴァルツに宛てた手紙の中で、特にこの点には触れず、リンネ協会の基金設立についてのみ触れている。「新しい協会は先週の木曜日、リンネの収集品を購入したスミス博士の指示によって設立され、動植物などの新種を公開してゆくことを目的としている」とあり、不適切な人々を入会させないことで、協会を発展させていくとしている。

1873年、リンネ協会は現在のバーリントンハウスの一翼へと移転した。今日、その会議室には、リンネソウ（*Linnaea borealis*）の彫刻を伴ったリンネの肖像画が、中央のオーク材で作られた舞台の演壇に掲げられている。オランダの植物学者ジャン・グロノヴィウスは、リンネの影響を強く受けながらも、その業績を否定的に「ラップランドの植物は、平凡で、些細で、リンネに似て、狭い地域で開花する」と述べている。ラップ茶に対する、リンネの薦めも、その名ほど成功には至らず、同じく植物学者だった彼の息子は、このリンネソウの「茶」を「やや厭《いと》わしい」と表現した。

リンネの収集品の保管に努めたジョセフ・バンクスは、特記すべき教育者で、18世紀を代表する実務家であった。政府によって職業としての科学者の地位が確立したのは19世紀も後半のことで、それまでは研究者の多くは、専門職に従事しているか、元々が資産家であった。自然科学の博物館が存在しない当時、個人の収集品や蔵書を収集するためには財産が必要であった。1753年、ハンス・スローンの遺産によって、大英博物館が設立されてからも生物学に関する収蔵物は、長らく大切に扱われずにあった。

バンクスは、リンカンシャー州レベスバイの裕福な地主の息子であった。1761年に父親が死んだ後は、植物学に対する情熱にすべてを投じることができなかった。彼がオックスフォードの学生だった当時、教育に不熱心な教授がいて、実際にこの教授は35年間でたった1回しか授業を行わなかった。そこでバンクスは、ケンブリッジの植物学者に授業を代行させていた。この若い頃の出来事は、バンクスが目的のためには、必要な資金を提供する決断力を有していたことを示している。

1768年にバンクスは、リンネの弟子だったダニエル・ソランダーを含む7名と共同で、ジェームズ・クックを支援する基金を設立し、金星の軌跡観測や、当時は未知の大陸だったオーストラリアへの探検を援助した。当時、この神話的場所は、北半球の陸地に相当する広さがあると想像されていた。

ニュー・ホラント海岸におけるエンデバー号の探検。
（オーストラリア、ニュー・サウス・ウエールズ）、1770年6月。

自然学者のジョン・エリスは、年老いたリンネに寄り添って、以下のような文章を書かせた。

> 自然科学史上の目的で、優雅に海を渡った者などいないが、彼らによって正しい自然史が得られた。彼らは、あらゆる種類の機械を用いて昆虫を捕獲・保存し、珊瑚礁の魚を網、延縄、引網、釣針で捕らえ、透明度の高い海域では、望遠鏡を改良した装置で海底までも観察した。種々の大きさの栓を装着した瓶を用意し、動物のアルコール漬標本を作製した。また数種類の塩を用意し、種子にまぶした。蝋には、蜜蝋とヤマモモ油を用いた。彼らには、2名の画家と図案家に加え、一定の見識を備えた数名のボランティアが同行していた。ソランダーが概算したところでは、この探検にバンクス氏は10,000ポンドを費やした。

この探検は南極大陸へは至らなかったが、アンティポディーズ諸島へは到達した。1768年8月、エンデバー号は英南西部のプリマスを出港し、最初はマデイラおよびリオデジャネイロに寄港した。その後、ティエラデルフエゴを目指して南下したが、そこで、無謀な指令を出し、雪中の植物採集をさせたことで、自身の下僕2名を失った。この種の探検は、多くの新しい植物をヨーロッパにもたらして植物学への興味を強く惹起したものの、非常に危険な作業でもあった。

クリスマスは海上で過ごした、とバンクスはその日記に書いている。「すべてのキリスト教徒にとっての良き日、クリスマス。皆が夜通し飲みあかし、しらふの者は少なかった。神のご加護により天候は穏やかで、我々の行く手を暗示していた」。南アメリカから、タヒチ、ニュージーランドを経て、1770年に肥沃なオーストラリアの海岸に到達した。クックは、その地をニュー・サウス・ウエールズと名付け、イギリス領であることを宣言した。バンクスはクックに、その最初の上陸地を、植物が豊富であることにちなんで「植物学の湾」と名付けるよう提案した。そののち数日間、豊富な植物群の調査と採集を行ったバンクスは、「我々の植物標本は膨大となり、何らかの特別な手段を講じる必要がある。少なくとも、それらの標本は採集帳を台なしにしかねない（当時、標本は乾燥させて紙に張られていた）」

バンクスの日記には、水夫達と「植物学の湾」周辺に居住していた先住民アボリジニとの間に生じた問題に関する記述や、初めて出会ったカンガルーについても「グレイハウンドほどの大きさで、ネズミ色の敏捷な動物」といった記載がみられる。その湾を離れ、船は海岸線に沿って北上した。バンクスは、東インドで遭遇したのと同じ植物を記録し、湾の形状からモートン湾と命名すると記載している。

> 岸辺に到着して、未知の植物を発見した。しかしそれらは、前の湾で見たものよりも、東インドで観察した植物に類似していた。ある種の草は、我々を悩ませた。鋭い種子には逆向きの鈎針《かぎばり》があり、衣服に取り付くと、次第に内部に食い込み、皮膚に刺さるまで進む。この草は非常に繁茂していて、それを避けることは難しい。また無数の蚊が歩行を妨げるほどであった。

この困難で過酷な環境は、やがて報われることになる。リンネが開発した植物分類法を用いて、バンクスと助手ダニエル・ソランダーは、3600 種の植物を船上に集め、そのうち 1400 種が新種であった。バンクスは、やがて国王ジョージ三世に拝謁し、大きな名声を得た。帰国直後 1772 年には、バンクスを「植物学のシャレ男」として賞賛する漫画も掲載された。「シャレ男」の名称は、大航海を行ったお洒落な学識者に与えられたもので、真摯な科学者というよりも、大志をもって大冒険を行った知識人に対するものであった。

バンクスはクック船長を伴った 2 回目の遠征を計画し、2 名のフランス人ホルン奏者を含む15名の乗船を要求したが、クックには不評で、クックがバンクスの従者に船内での重労働を強いたことから、バンクスはこの計画から降りることになり、自分の仲間の雇用を模索し「科学を発展させる別の道」としてアイスランドへの遠征を行った。しかしこの遠征は、季節が遅すぎて少数の植物しか採取できず、大きな成功を収めることはなかった。その結果、バンクスは、ロンドンの事務所と、家族の住むリンカンシャーの間を行き来することになった。

バンクスは、1780年代の初めまでには、准男爵、王立協会会長、国際的科学者の支援者、実質的な王立植物園監督などの地位を得ていた。国王との友好関係も、田園生活に対する興味の一致から、確実に進展していた。バンクスはイギリスが国際社会の中で、文明国として存在して行く使命を有し、そのためには、科学の利用、特に植物学が重要で、帝国の発展にも貢献すると考えた。

バンクスのキューにおける役割は、植物学だけではなかった。「農夫国王ジョージ」が英国産羊毛の品質向上を望んだ際には、スペインから

18世紀、キューで飼育される羊。ウイリアム・ウーレット画。

密かにメリノ種を輸入し、キューのパゴダの周囲で飼育した。その何頭かは競売によって売却され、ニュー・サウス・ウエールズに送られて、オーストラリアにおけるメリノ羊毛産業の設立に貢献した。1820 年までにオーストラリアは 33,818 頭の羊を飼育するまでになった。

バンクスの興味は、農業改革、政治力、政治学にまで及んだ。リンネがそうであったように、イギリスの自給自足のために、植物と植物学を用いることを考えていた。ただし、バンクスはリンネよりも広く外に目を向けていた。リンネが新しく発見された熱帯植物をスウェーデンの土地で栽培し、輸入品への依存度を低減させようと考えたのに対して、バンクスは、公共用地を統合することで、状況を改善しようという、より広い視野をもっていた。当時のイギリスでは、土地の多くが共同所有で、貧富にかかわらず「入会地」で家畜を飼育し、果実を採集し、薪を集めていた。バンクスはこれらの土地を耕作放棄地とみなし、その利用によって、増加する人口を養うことを考えた。そこで彼は、入会地を個人財産として登録し、耕作や所有を認める「囲い込み法」を支持することにした。科学史学者ジム・エンダースバイによれば「これは、バンクスがいかによく国土を理解し、放棄地や入会地を統合して、その改良に努めたかを示している」という。

バンクスは、国土の放棄地を生産性のある土地にするという、彼の展望を実現する拠点としてキューを選んだ。キューが誇るソテツ（*Encephalartos altensteinii*）を採取したプラントハンターのフランシス・マッソンをはじめ、世界中に植物採集者を派遣し、新規で有用な植物種を持ち帰らせた。HMS ディスカバリー号が、1791 ～ 1794 年に世界一周航海をした時に乗船していた、外科医で自然学者のアーチバード・メンジスに宛てた手紙で、バンクスは彼の要望を以下のように記している。

> 興味深い有用植物を発見した場合、王立植物園で種子からの繁殖が困難と思われる時には、適切な標本を掘りとり、特注のガラス

製容器に入れ、最大限の努力をもって、生きたまま持ち帰ること。航海中に採取した種子を含む、すべての標本は国王陛下の財産であることを肝に命じ、その一部一片たりとも、決して国王陛下の目的以外に供してはならない。

バンクスの働きかけによって、若いプラントハンターのウイリアム・カーは中国に赴き、オニユリと八重の黄色いモッコウバラを採取した。同じ頃、キューの庭師アレン・カニングハムとジェームス・ボウイーはそれぞれ、ニュー・サウス・ウエールズおよび南アフリカへの出帆前に、ブラジルでの植物採集を行った。

1792 年、バンクスは、当時の自然学者のひとりに、彼の植物採集者が持ち帰った果実について自慢している。

キューガーデンは力をつけて前進している。最近加わった新種には、非常に興味深いものがある。中国から 3 種のモクレンが加わり、1 種は既知ではあったが、ケンペルのコブシとしてのみ知られるものであった（バンクスが発行した植物学書より……）。エピデンドルムの花は日々、散りつつある。別のエピデンドルム（*E. vanilla*）は、ガラス容器の高さにまで成長し、間もなく開花するであろう。

その後、バンクス自身が海外に渡ることはなかったが、ロンドンのソーホ区画 32 番の自宅には、「世界」が持ち込まれ、自然科学に関する学会が組織された。これらの遠征探検によって、動植物標本に加え、先住民やその文化がもたらされたことで、外国の実像を知ることができ、その知識によって新たな探検が企画された。バンクスは、ニュー・サウス・ウエールズにおける自身の体験から、自ら名付けたインベスティゲーター号の出港前に、政府に対して種々の助言を行った。彼は、船長のマテウ・フリンダースに、どこへ行き、何をすべきか、細かい指示を出し、

1765年設立のセント・ヴィンセント植物園。
最も古い植民地植物園のひとつ。

スコットランド人植物学者のロバート・ブラウンの仕事に支障がないように計らった。結果的に、インベスティゲーター号を通して、遥か彼方の大陸を観察することになった。バンクスは、オーストラリアを再訪することはなかったものの、その地図、標本、遠征の成果は自分の功績となった。

ボタニー湾に、ヨーロッパ人として最初の足跡を残したひとりであるバンクスは、その地が流刑地に適していると報告し、ヨーロッパの作物や家畜を導入することを、政府に提案している。エンデバー号の航海日誌に、森には「下木がなく、木々の生えている間隔が広いので、国土全体、少なくともその大半は1本の木も伐採することなく、耕作が可能である」と記している。政府がバンクスの提案を受け入れると、彼はオーストラリアでの栽培に適した、ヨーロッパの野菜、ハーブ、果実、イチゴ類、穀類などの膨大な植物標本を提供した。

入植者で作家だったジェームズ・アトキンソンが著した、当時の未開拓地の状況によれば、ヨーロッパ産の食用および調理用の野菜や根菜は、非常によく生育し、イギリスでは人工熱源なしでは育てられない、他の多くの植物も生育した、とある。果実の多くは量、質ともに特に豊富であった。

バンクスはオーストラリアに留まらず、インド、セイロン（スリランカ）、セント・ヴィンセント、タイ、ジャマイカにも植物園を設立し、しばしば信頼する植物採集者を雇用して植物園を経営させ、入植者を援助した。バンクスの考えは、ある入植地の作物を別の入植地に移植し、付加価値を高めることにあった。彼はその植物園ネットワークを通して、その夢を実現しようとしたが、実際には情報伝達手段の不備により、彼の存命中にその目的は達成されなかった。たとえばオーストラリアに宛てた手紙は、その到着に数ヵ月を要し、適切な指示を出し、その返事を受け取ることがなかった。シドニーの植物園に宛てた手紙の中には、到着前に受け取り人が死亡してしまうこともあった。結果的に、バンクスとキューは、大英帝国の植民地経営に、大きな貢献を果たすことはできなかった。

1820年、バンクスとジョージ三世が死去すると、キューは一時的に、その指導者と王室からの援助を失った。リンネの蔵書や原稿とは異なり、バンクスの蔵書や植物標本は散逸してしまった。かつてバンクスの司書だったロバート・ブラウンはその在命中には、バンクスの蔵書と標本を管理していたものの、在命中の1827年の合意にしたがって、彼の死後、バンクスの遺品は大英博物館へと移された。バンクスの原稿類はその間、妻の親族であるロード・ブラボーンが所有していたが、1880年に大英博物館に250ポンドで売却しようとして拒否され、その結果、競売によって失われた。まるで、風が種子を世界中に撒き散らすように。

バンクスがリンネの分類法を、彼の死後も確保しようとしている間に、バンクス自身の遺産は、散逸の危機にあった。世界中の多様な植物種からなるイギリスの財産は、次の先見者へと受け継がれることになっていく。

3

腊葉《さくよう》標本とその可能性

チャールズ・ダーウィンによって採取された
イネ科植物（*Poa ligularis*）の標本と、本人の署名。

キューにあるガラス張りの会議室で、植物学者のグループが熱心にナイジェリアの新聞 *Sun* の束を調べている。彼らは、紙面を飾るアフリカの流行モデルに興味があるのではなく、新聞紙に挟まれた小枝、葉や花の乾燥標本を観察しているのである。キューの熱帯雨林(アフリカ)班のイギリス人分類学者は、ナイジェリアのガシュカ・グムティ国立公園の現地スタッフと共同で、植物標本を集めていた。その中には貴重な種や未知の種も含まれ、重要な医薬品が得られる場合もあったが、正しく同定されるまでは誰もそれを知ることはなかった。この公園の植物種をより詳しく調べる必要性については、理由がある。それは、森林の9割がすでに失われているからである。今日の会議では、標本を相当する「科」に分類しており、これは、神秘解明の第一歩である。この作業が終了すると、各標本は担当の分類学者のもとに送られ、「種」レベルでの同定が行われる。その上で、無酸紙に固定し、キューの750万種におよぶ巨大な乾燥植物標本の、極めて正確な場所に収められていくのである。

植物標本とは、採集した植物を圧縮、乾燥させて紙上に固定するか、ガラス瓶内でアルコール漬にしたものである。植物標本を保存しているか否かは、そこが植物園か、単なる庭園なのかの違いである。

最も初期の植物標本は、16世紀にイタリアの薬草園で作製された「*horti sicci*」として知られる、紙上に広げられて製本された乾燥植物標本である。この標本からは、ハンス・スローンがいかにその膨大な標本を維持し、1753年に大英博物館に寄贈したかが偲ばれる。18世紀を通して、探検隊の戦利品として、多くの新種が到来したが、リンネが考案した分類法のおかげで、個別標本紙の使用が便利になり、多くの新種や新しい分類が誕生した。この方法は、ジョセフ・バンクスの標本室でも採用されている。

植物標本と博物館の収蔵品の違いは、時代によって変化する植物種の相互関係を反映して、その保存配置を変更するかどうかである。博物館に収蔵された植物標本が単なる枯草であるのに対して、植物園のよく管理された植物標本は、生きた研究対象なのである。

世界最大級であるキューの植物標本集は、ひとつの種が１枚のシートに展示されている。同じ「属」(分類学上、科の下位に位置する) の植物は、同じフォルダーにファイルされ、これら「属」ごとにファイルされた複数のフォルダーは、戸棚に収められる。地球上の植物多様性に詳しいキューの分類学者らの仕事は、各「種」が、その最近縁種の隣に正しく収められているかを確認することである。科学者は、特定の植物が有する性質を知ることで、その類縁種がどこに位置しているかを知ることができる。植物標本室に収められている標本は、さまざまな人々が、数百年がかりで世界中から集めたものであり、キューにおける研究上、欠くことのできない資料である。植物標本室の管理者デイヴ・シンプソンによれば、「最も古い標本は 1700 年に遡《さかのぼ》るが、標本の大半は 19 世紀中頃の収集」ということである。

ジョセフ・バンクスが収集したような古い標本と、現代の標本では、主に標識 (ラベル) の質に差がある。現代のラベルは情報の宝庫で、植物の採取場所、その周辺の生態系に加えて、標本自体からは認識の難しい、樹高や花の色などが記載されている。一方、古い標本には採集した年と国が記載されているのみである。

キューにおける標本室の設置は、植物園の所有が王室から政府に移管された 1840 年に遡る。1830 年代までにはジョセフ・バンクスの努力もあって、イギリス植民地の多くが植物園を設けるようになったが、それらは急ごしらえであった。地元政府の熱意で作られた植物園もあるが、単に囚人に労働させる目的で作られた植物園もあった。1838 年、ロンドン大学の植物学教授で、ロンドン園芸協会の副会長だったジョン・リンドレイは、政府への報告の中で、1820 年のバンクスとジョージ三世の死後、多くの王立植物園が衰退しているとしている。イギリスの財務省内には、すべての王立植物園が必要なのかという疑問が、費用削減の観点からも噴出していた。

リンドレイは、植物園を閉鎖するのではなく、キューに対する支援を、王室から政府に移管し、「大英帝国全体に植物科学を浸透させる」ことを提案した。リンドレイは、キューが中心となって管理すれば、海外植民地のさまざまな植物標本は、医薬、商業、農業および園芸の分野で大きな利益を生み出すと考え、以下のように述べている。「個々の植物園は、キューの管理下に置かれるべきであり、キューと協力し、それぞれの植物園が進捗状況を常に報告し、必要事項を要求し、その供給を受け、母国イギリスに対して、その植物王国としての地位の確立に貢献すべきである」

イギリス政府としては、世界中に分散している植物資源の商業的価値を精査し、どのような植物が存在し、どこで生育しているかという情報をキューが把握することを求めていた。以前、バンクスのロンドンの住居で、バンクスの標本を用いてバラの分類に従事したことのあるリンドレイは、イギリス政府の要望に応えて、植物種の同定と命名には「植物標本の充実と、然るべき収蔵施設の建設」が必要と述べている。イギリス政府から、国立植物園キューの発展のために抜擢されたウイリアム・ジャクソン・フッカーは、リンドレイの報告を重く受け止めた。熱心な収集家であり、植物分類家でもあったフッカーは、わずか 20 歳にしてイギリスにとっての新種であるコケ（*Buxbaumia aphylla*）の鑑定を行った人物である。1841 年、キューの園長に就任したフッカーは、ウエスト・パークにあった自宅の数室を提供して、標本室と蔵書室を設置した。彼は、その目的達成に強い意志をもち「必要な資金は提供する、力の続く限り、この標本室をヨーロッパ最高のものにしたい」と語っている。

フッカーは、他の植物学者や学術組織に収集標本をキューに提供す

1847 年に開設した、
キュー最初の有用植物博物館の版画。

るよう促した。公式には1852年に、植物学者で旅行家だったウイリアム・ブロムフェルドの標本集が最初の提供物として収められ、2年後には鉄道貨車4台分の標本が植物学者のジョージ・ベンサムから、さらに1858年には、東インド会社から大量の標本が寄贈されたが、その一部は、虫食いと湿気ですでに損傷していた。

個々の植物園から、種々の方法で採集された多くの植物が、フッカー宛てに、キューの標本室へと送られてきた。19世紀の初め、低賃金で非正規労働の自然学者と裕福な科学愛好家との交流が一般的になった。非正規労働者は、自然科学に関する書籍の購入や、関連する博物館への入場もままならなかったが、裕福な収集家の助力を得れば、それらの資料に接することができた。彼らは自身が属する地域の植物収集物の提供と引き換えに、特定領域の知識を吸収し、富裕な収集家に相当する知識と技術を獲得することで一定の地位を得ることができた。

フッカーはその生涯を通して、他の研究者と発見の喜びを共有することに熱心で、多くの植物学者に文通や接触を求めた。彼は科学の真の姿を求め、厳しい階級社会を横断的に活動していた。彼が指導した収集家の多くは、労働者階級に属し、コケ類や地衣類など、彼ら同様社会の底辺に生息する小植物の研究に貢献した。これらの熱心な植物収集家は、彼らの近隣を調査し、希少な植物を探し、その種が特定できない場合には、フッカーの教えを請うのであった。マンチェスターに近いロイトン出身の鍛冶屋ウイリアム・ベントレイは、ためらいながらも以下のように記している。「僭越ながら、一筆書かせていただきます。我々のような一介の労働者が植物学の世界で、ご一緒できるのは貴殿のみであります。我々は貴殿を、我々の困難を受け入れて下さる、科学の父と認識しています」

フッカーの情報網は、イギリス本土を遥かに越え、1803年に流刑地とされた、オーストラリア沖合いのフォン・デイエメンの土地（現在のタスマニア）の熱心な自然学者からも手紙を受け取っている。タスマニア島の豊かな温帯性降雨林は、19世紀初頭の数十年間、新種植物の宝庫であった。

囚人の監督官で、植物の大収集家でもあったロナルド・キャンプベル・ガンは、1838年4月21日のフッカーに宛てた手紙で、植物の同定と命名における困難を告白している。

> よく知られている植物と、新しい、すなわち記載のない植物を見分けられるようになりたい。そうすれば、分別のある植物採集が行えるが、私には「属」に関してすら無知な部分がたくさんある。バックハウス（ジェームズ・バックハウス、オーストラリアの囚人入植地を訪問した自然科学者）は、植物に何も名前を付けないよりは、間違っていても名前を付けた方が良いと言っていたものの、私にはそのような主義を通すことはできかねる。いったん間違った名前が付けられると、その多くが固定化してしまうが、無名の植物には、やがて正しい名前が付けられるからである。

ガンは1832～1860年にかけて、初歩的な照合法の知識を得るため、本などとの引き換えに、数百におよぶ植物標本をフッカーに送った。

長年にわたる植民地からの標本収集によって、フッカーの標本室は満杯になったため、1853年、収蔵品はフッカーとともにウエスト・パークから、旧ハノーバー王の所有だった、テムズ川岸のハンター・ハウスの一戸建てに移された。1865年にフッカーが死去すると、イギリス政府はその標本集を1000ポンドで買収し、キューの標本集と合体させた。1877年には、ハンター・ハウスに一翼が増設されたものの、収容能力の問題はまだ残されていた。当時キューの園長だったウイリアム・ティスルトン・ダイアーは、1899年に「キューの標本量の増大は、大英帝国版図の拡大のために制御不能である。新しい領土における科学的調査は標本の追加を伴うからである」と述べている。1902～1968年の間に3棟

キューの標本室、新しく到着した植物標本の検査と同定作業。

が増築され、1988 年には中央棟にも増築が行われた。

2007 年、年間 35000 ～ 50000 種にのぼる新規到着標本に対応するために、キューはエドワード・カリナン建設会社に標本室と蔵書室を含む、5000 平方メートルの温湿度制御棟の増設を発注した。洪水や害虫から隔離されるように設計された建物は、50 年にわたり標本の収蔵に耐えられる設計であった。

今日では、到着した標本類が、門から新しい建物のガラス張りの玄関を通り、標本室の適切な場所に収められる過程に、厳格な規則が適用されている。最初、植物標本の入った包みは特製の黒い棚に収められ、二重の扉を経て、キューの中で「最も汚れた場所」に到達する。ここで 3 日間、零下 40 度の大型冷凍庫に保存し、植物に付着している甲虫（*Trogoderma angustum*）などの害虫やその卵を死滅させる。その後、初めて、標本は標本管理棟（CMV）に運ばれ開封される。個々の委託輸送標本には、特別な番号が付けられ、キューの標本室に至るまでの経路を知ることができる。色分けされた荷札には借入品、貸出品の返品、贈与品などを区別し、同定済の標本であれば、標本室に収蔵する。

新規に到来した標本の場合、正しい場所に収納されるのに約1年を要し、いったん特定の収納箱に収められても、そこに長く留まるとは限らない。他の植物種との関連性が解明されると、その知見に基づいて標本箱が移動になる。特に、近年の遺伝子（DNA）技術の発達により、根本的な再編成が急速に進められている。1869年当時は、標本室における分類は、ウイリアム・フッカーの息子ジョセフと、植物学者のジョージ・ベンサムが考案した方法にしたがっていた。この方法は、リンネの時代とは大きく異なり、進化上の関係に根ざした新しい知見を反映させていた。今日では分子構造の特徴や遺伝子配列の解析によって、植物相互の関係性が解明されるようになっている（21章参照）。

現在、キューの標本は、APG IIIとして知られる新しい方法で配列されている。APGとは、被子植物類（Angiosperm）系統発生（Phylogeny）群（Group）を意味し、遺伝子配列情報をもとに、被子植物すなわち顕花植物の新しい「科」の分類を行う目的で、植物学者間の非公式な情報網として1990年代中頃に設立された。これによって驚くべき植物の関連性が明らかになった。たとえば熱帯アジアに生育する、直径1メートルに達し、腐敗肉臭のある地上最大の花ラフラシア（*Rafflesia*）は、地上最小の花のひとつポインセチア（*Euphorbia pulcherrima*）と近縁であった。ポインセチアの赤い「花弁」は、実は花を囲む包葉なのである。

長い年月を経て、キューの植物標本室が成長し変化を遂げてきたことは、屋内を一巡すれば理解できる。床から天上まで、一面ガラス張りの新しい建物は、現代の分類学者が用いるハイテク機器と技術に対応している。一方、華麗な螺旋階段のある高い天井と、寄木張りの床をもつ最古の標本棟は、植物種の大半が未知だった頃の大英帝国を彷彿させている。

個々の標本にも、キューの長い歴史が刻まれており、標本箱のひとつには、多年生植物 *Poa ligularis* の茎が3本収められているが、その中の少なくとも1本は、チャールズ・ダーウィンが1831〜1836年にかけてビーグル号でパタゴニア地方を探検した際に採取したものである。この植物は、その絡み合った淡黄色の葉が、紙に確りと接着され、その先端には豊かな穂が実っている。この標本にダーウィンは、自筆で「バイアブランカ、パタゴニアの海岸、1832年10月初め。*C. Darwin*」と記載している。ダーウィンの署名上には、ウイリアム・フッカー標本の青いシールが貼られ、さらに、この標本が公式にキューの所有となった1867年のスタンプが押されている。

一方で、バーコード管理による標本のデジタル化によって、世界中の植物学者が、オンラインで標本を調査することができるようになった。副図書室長ビル・ベイカーは「ダーウィン作の標本は今でも非常に有用で、その花球をはがし、湯で戻して実験に供すことができる。これらの乾燥標本は単なる歴史遺産ではないことが重要である。これは、キューが所有する35万種の「基準」標本（ある標本が、新種であるか、既存種であるかを定める基準となる標本）のひとつだからである。すべての植物は、基準標本によって種の名前が決定される。必ずしも科学的方法ではないが、このようにして植物名は管理されているのである」

150年前、ヴィクトリア朝時代の人々にキューの植物標本収集を始めさせたのは、順列と階層性への興味であった。当時の社会は、イギリス本土とその植民地における世襲的な貴族、商人、労働者の階級および、キリスト教徒とそれ以外の異教徒から構成されていた。当時の人々は、植物の世界にも同様の階級性が存在し、植物標本は、その階級性を具体的に表示するものと考えていた。

年代を経て、新しい標本が追加されるにしたがって、キューの植物標本は細分化された標本の集合体を超えた存在となった。植物の相互関係に基づいて構成されたその組織は、植物学者が過去には決して見出

7,500万種の乾燥植物標本を収蔵するキューの標本室内部。

し得なかった関連性を明らかにした。たとえば1980年代の後半、科学者はエイズに対する抗ウイルス薬を探していた。オーストラリア東部の固有種 *Castanospermum australe* から有望な化学物質を見出したものの、その生育数は限られていた。そこで科学者らは、同じ、あるいは似かよった化学物質を産する近縁種の存在について、キューに問い合わせをした。キューの分類学者は、より入手しやすい南アフリカ産の種の存在を指摘し、実際、この種がまったく同じ化学物質を含有することが明らかとなった。植物標本の資料が存在しなければ、誰も南アフリカに注目はしなかったことであろう。

各標本には、それが採取された場所と植物種に関する情報が備わっていることから、植物標本は、地球規模の気候変動を捉えるのにも有用である。現代の採集ではGPS機能を用いて非常に正確な位置情報が得られている。気候変動は、植物の生活形態変化に影響を与えるので、その変化情報は、植物分布を測定するのに欠かせない。ベイカーは

「重要なのは、標本にはどの植物がどこで採取されたかが記録されていることで、それによって、経時的に植物分布の変化を知ることができる。分布の縮小はその種の滅亡を予言している可能性があり、植物種ごとに、絶滅の危険性を評価することができる」と述べている。

冒頭の標本を「科」ごとに選別している場面に戻ると、熱帯雨林（アフリカ）班の班長マーティン・チェックは、乾燥標本の茎から、巻き髭状の組織を調べるために入念な操作を行っている。この組織の存在から標本植物は *Cucurbitaceae*（胡瓜類）、*Vitaceae*（葡萄類）あるいは *Passifloraceae*（パッション・フラワー類）の3科に限定されていく。巻き髭状組織と果実を精査した結果、彼はこの植物が胡瓜科に属すると判断した。この時間のかかる仕事には多くの経験が求められるが、アフリカの多様な種の保存には必須の作業である。1995～2003年にかけてカメルーン周辺で行われた採集では2,440種が採取され、その10分の1は新種であった。

これらの標本は、ウイリアム・フッカーの時代からの標本研究成果と合わせ、2,440種中の815種が、国際自然保護連合（IUCN）基準による「絶滅危惧種」に認定された。キューの地図上に示された「絶滅危惧種」濃密地域は、必ずしも国立公園の所在と一致していない。これは、国立公園の指定が、植物種よりも動物種の保護を念頭に置いているためである。キューによる調査の結果、カメルーン政府は、新たに発見された高生物多様性地域を保護するため、29,320ヘクタールのバコシ（Bakossi）国立公園を設置した。チェックは「我々の調査より以前に、カメルーンの当該地域は、どの保護地域にも指定されていなかったが、この調査終了時では、熱帯アフリカにおける最も多様性の高い2ヵ所のうちのひとつになった」と述べている。

採集に対するヴィクトリア朝の熱意から受け継がれているキューの植物標本は、地球上の種保存にとって欠かせない存在なのだ。

4

枯れ葉病

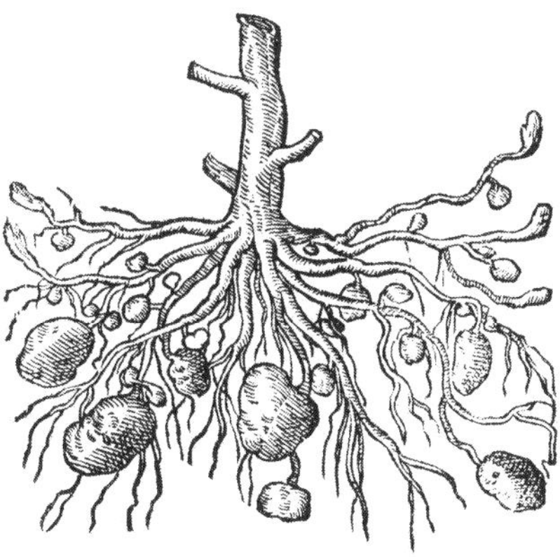

家族が残した最後の持ち物を守る
アイルランド農民の少女、1886 年。

19世紀の前半、アイルランドの人口は、1800年の450万人から、1845年の800万人以上へと倍増した。これだけの人口を養うことができたのは主に、アイルランドの農民がジャガイモを主産物としていたからである。ジャガイモは南アメリカ原産で、16世紀スペインの征服者によってヨーロッパに持ち込まれ、広く栽培されるようになった。この作物はタンパク質、炭水化物、ヴィタミン、ミネラル等を豊富に含み、ジャガイモだけでも生きていけることから、貧しいアイルランド農民の多くが、主にジャガイモだけを栽培していた。しかし、このジャガイモのみに依存した生活が悲劇を生んだ。

1845年の初夏、アイルランドのジャガイモ収穫量は、好天に恵まれて豊作が予想されていた。ところが、突然の長雨で日光が途絶えると、ジャガイモは土中で腐り始めてしまった。最初は、葉先に黒や茶色の変色が発生し、続いてウドンコ病の白い輪が発現した。すぐに葉は、腐敗した土壌の中に萎れ、続いて芋も、土壌の中や店頭で腐りだした。この疾病は、全土の40%に感染を拡げることになる。アイルランドの農民は翌年、同じ惨劇が、前年よりも早く到来した時にも、もうなす術がなかった。アイルランドでは、穀類も栽培されていたものの、穀類栽培者は、イギリスの地主に地代を支払う必要があった。アイルランドは国民を養う食料を失い、100万人以上の餓死者と移民を生じる結果となった。

当時30代前半だった、イングランドの小説家アントニー・トロロープは、その作品「リッチモンド城」の中で、その惨状を以下のように記述している。

> 1846～1847年の冬、南アイルランドに居た者にとって、その苦痛の日々は、簡単に忘れられるものではない。ずっと以前から、増え

> 続ける国民はジャガイモを、ジャガイモだけを食べていたが、突然、ジャガイモが欠乏し、800万の人口の大半が食料を失った。ジャガイモが全滅したのは神の仕業であり、この不幸な国は、その悪行が神の怒りに触れて災難にあったと考えるのだった。私自身は、そのような神の怒りの存在など信じられない。

現在では、神の怒りが原因によるものではなく、病気——水生菌 *Phytophthora infestans* が原因であることがわかっている。水生菌はカビの一種で、寄生性（生きている組織を食害する）と腐敗性（死んだ組織を栄養源とする）を有している。*P. infestans* は、ナポレオン軍のフランス人医師だったカミール・モンタグネによって、1845年に初めて記載されている。モンタグネは、この発見をイングランド人牧師で真菌の専門家だったマイルス・ジョセフ・バーケリーと共有した。バーケリーは、植物の枯れ病の原因が微生物（本人は真菌と信じていた）であることを最初に認識した科学者で、1846年発行の学術雑誌「*The Journal of the Horticultural Society of London*」に、「腐敗は菌の存在によるものであり、腐敗の結果、菌が生じるのではない。それは、腐敗物を捕食する種ではなく、腐敗を生じさせる種である。この点が最も重要である」と記述している。今日、バーケリーの膨大な真菌標本は、キュー真菌基金を形成している。多数の緑色の箱には約125万種の標本が収納されていて、その中には、バーケリーが研究に用いた、モンタグネ採取のジャガイモ枯れ病の標本も含まれている。その標本紙上には、枯れ病による斑点が生じたジャガイモの葉3枚があり、バーケリーが菌と病気の関係を解明するために、顕微鏡で観察した際の、詳細な鉛筆《スケッチ》画が添えられている（この画は1846年の論文上にも掲載されている）。

キューにおける菌類学の責任者ブライン・デンティンガーは、以下のように説明している。

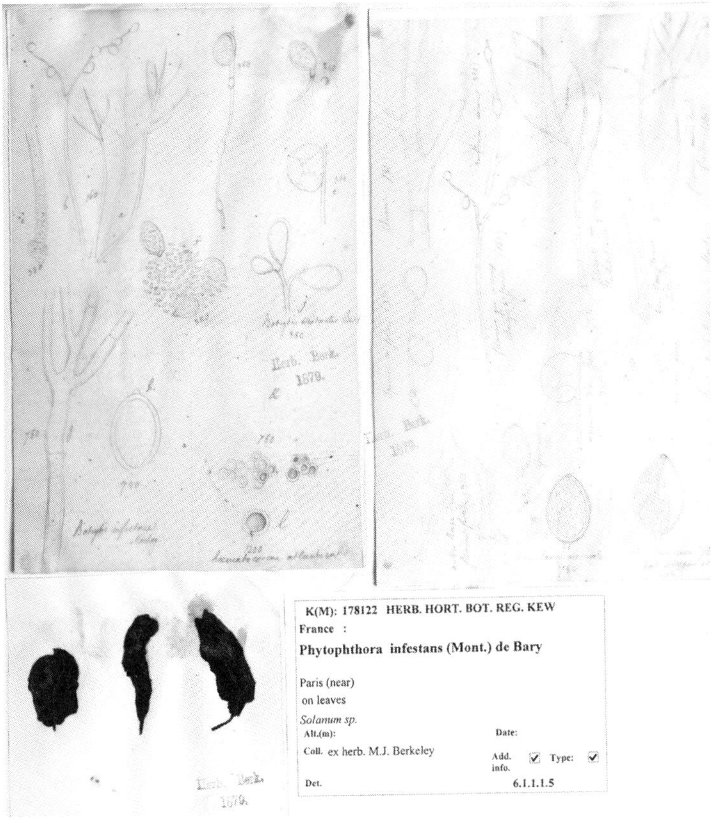

病変したジャガイモ *Phytophthora infestans*、
バーケリーのスケッチ。

水生菌の多くは、その肉眼では見えない栄養期には糸状で、胞子による無性生殖で繁殖し、高温多湿のような好適条件下では水中を移動して、他の微生物を排除しながら急速に増殖していく。

P. infestans では希ながら、競合菌が存在すると、ある時点で有性生殖に変換していく。この転換は、低温、栄養源の欠乏、乾燥など、繁殖が困難になった条件下で起こる。そのような環境下では、

厚い壁のある、濃い色の休眠胞子を産生し、この胞子は、土壌中で数年間、再び増殖環境が訪れるまで生き続けている。条件が整うと、胞子は発芽し、管状となり、再び胞子産生を行うか、枝を出して互いに絡み合い、糸状構造体となる。

顕微鏡で「菌」を観察することによって、バーケリーは、それがジャガイモ枯れ病の真犯人であるとの結論に至った。しかし、誰もその説を信じなかった。ロンドン大学の植物学教授で、キューにも協力していたジョン・リンドレイは、多湿条件における腐敗が原因で、その結果、カビが発生したと確信していたからである。バーケリーとリンドレイはこの話題について「ガーデナーズ・クロニクル *The Gardeners' Chronicle*」の誌上で熱心な議論を展開している。

1861年になって、バーケリーの説が正しかったことが、ドイツの外科医で菌類学者だったアントン・デ・バリーによって証明された。デ・バリーは、カビが好む冷温多湿環境下でジャガイモを栽培し、病変ジャガイモから採取した白い胞子嚢（胞子を内蔵した容器）を添加し、胞子嚢を与えない対照と比較した。その結果、デ・バリーが感染させたジャガイモだけが発病し、湿度が高くても対照は発病しなかった。ジャガイモは、リンドレイやその支持者が考えたように、水分の過剰吸収によって枯れたのではないことは明らかであった。

今日、デ・バリーは植物病学の父として認められている。「彼が最初に、菌類学の世界にあった微生物の増殖原因に対する強迫観念を否定した」デンティンガーは続けて「それは、まさにデ・バリーの繊細で着実な、生体とその構造の形態変化に対する研究の成果で、その結果から、彼は、病変ジャガイモに付着していたカビが病気の原因であると、確信をもって発表した」

この病気の根本原因が解明されたことが大きな転機となり、植物、人間、および動物の伝染病の原因として、汚染された食品、飲料水、未殺菌の医療器具などの関与が認識されるようになった。こうした新しい認識によって、病気は「持って生まれた遺伝的」原因によるものではなく、1863 年に発表された、ルイ・パスツールによる「病原微生物説」のように、細菌がある種の病気の原因であると考えられるようになった。人類は過去 200 年にわたって、微生物由来の病気を観察してきたが、近年まで、微生物は病気の結果生じるもので、病気の原因とは考えられていなかったのである。ジャガイモ飢饉の発生によって、自然科学の世界に新しい認識が生まれることになった。すなわち病気とは、暗黒の神秘が原因ではなく、生体に侵入した小さな寄生虫——微生物によるものである、ということが。

病気の原因が解明されていくと、新たな疑問が生じてきた。当時の科学者は、アイルランドでジャガイモ飢饉を引き起こした、致死的で小さな胞子が何者なのかわからなかった。カビなのか、植物なのか、動物なのかもわからず、繁殖しない時にはどこに消えたのか、またその繁殖方法など、まったく神秘の世界に等しかった。19 世紀末の科学者の中には、現在では子供向けの絵本作者として有名なビアトリクス・ポターもいて、カビの役割を探求していた。彼女が描いたカビのイラストは、非常に詳細かつ正確だったので、思い切って専門の菌類学者を目指したのだ。たとえば彼女の描写は、成熟した菌体だけでなく、カビの生活環のすべての段階のすべての部分に及んでいた。また彼女は、生殖胞子の発芽実験も行っている。イギリスで真菌 *Tremella simplex* を最初に描いた記録も彼女の手によるものである。

カビとその性質に対して、詳細な観察の結果、彼女は地衣類に魅せられるようになった。地衣類は、地球上の最も過酷な環境下に生息する生命体で、19 世紀の科学者にとって大きな謎であった。スイスの科学者シモン・シュウェンデナーは、地衣類は 2 種の異なった生命体、カビと藻類が共生関係を保って形成されているという、デ・バリーが最初

ビアトリクス・ポターの描いた、カビ *Aleurodiscus amorphus* と
Tremella simplex を含む、他 3 種の胞子、1896 年画。

に出した説を支持した。ポターは、その観察結果から、シュウェンデナーが正しいと確信していたが、当時の科学の世界では、女性の意見は真剣には受け止められることがなかった。ジム・エンダースバイは、この経緯について以下のように述べている。「1874 年、イングランドの自然学者ジェームズ・クロンビーは、地衣類が『捕らえられた藻類の乙女』と『カビの暴君亭主』が共生して形成されているという説全体を侮蔑的に否定した。ビアトリクス・ポターが深く関わった、このやや突飛な学説に対して、彼女の意見が真剣に聞かれることはなかった」

ポターは地衣類の正しい姿を解明するため、藻類細胞とカビ胞子を彼女の台所で培養し、2 種の生物が合体して、ひとつの生命体になる過程を観察した。このような研究成果を発表する場として最適だったのはリンネ協会だったものの、当時、女性会員の登録は認められていなかった。1897年、彼女の研究がリンネ協会に提出された時、彼女の名代でキューの菌類学者だったジョージ・マッセの名が使われた。ポターは、彼女の個人雑誌上で、その代理人を軽蔑して、以下のように述べている。「彼は、カビが成長する過程の多くを、彼自身の手で省いている」。仲間内での査読の結果、この論文は訂正を求められたが、ポターはそれを行わなかった。この経験を通して、科学の世界に幻滅を感じたのは明らかで、以後、彼女は子供向けに、空想の世界を描き、記述することに注力した。

地衣類における共生関係は、カビ類と植物の間にも存在するという考えは、1881年のアルバート・ベルハード・フランクによる研究によって、さらに確信が深められた。当時フランクは、ドイツ政府から高級食材トリュフの収穫量を増加させる方法の開発を委託されていた。フランクは、トリュフの増産には失敗したものの、トリュフが育つカシやブナの木の根は、常にカビで覆われていることを指摘した。彼は、カビが木に対して障害を与えず、むしろ木は健康で活力があることを観察している。フランクは、その発表論文の中で、この関係はカビと植物の双方に有益であるという仮説を提唱し、「菌根」という用語を造語している。今日では、菌根カビは宿主植物と密接な相互関係があり、植物の根に寄生して、非常に細い菌糸を土壌中に伸張し、その菌糸は、植物の根の延長として働くことが知られている。

「カビには多くの種類があるが、宿主として適した植物根は限られている」と、カビの生活環と環境を研究しているインペリアル・カレッジ・ロンドンの生物学上級講師で、キューの名誉研究員マーティン・ビダルトンドは述べている。「菌根の多くでは、寄生したカビが、植物外に伸張して、胞子を産生する。胞子は、我々に馴染み深いキノコや、トリュフからも放出されるし、単に土壌中に撒かれることもある。このような胞子の放出によって、新たな生活環を再開し、新たな宿主植物を求めることになる。カビは、種々の方法で、さまざまな植物の成長に影響を与える。生物学者は、植物側の反応と生態系における種の存在双方の観点から、生物多様性について、強い関心をもっている。菌根の例は、生物多様性を考える上で、大きな影響があったと思われる」

菌類学の世界には、いまだ学ぶべきことが多数ある。最近の遺伝子分析では、土壌中には500万ないし600万種のカビ（真菌）類が存在することが示唆されているが、詳しく調べられているのは、その5%程度にすぎない。遺伝子配列の解明は、知識の溝を埋め、特に従来、植物と同様に、主にその特徴的外観から関連性を想定してきた、カビ類の分類法に革命をもたらしてきた。現在では、従来考えられていた関係性の多くが間違っていることも明らかになっている。たとえば藻類は、単一の共通祖先に由来するものではない。

1990年代に、*Phytophthora infestans* が疫病菌属で、真正のカビ（真菌）ではないことが確認されたのも、遺伝子配列によるものであった。この新しい技術によって、全遺伝子解読が可能になり、過去と現在の種間の比較により、基本的な差異を知ることができるようになった。この進歩は、驚くべき結論を導くことになった。デンティンガーは以下のように述べている。「19世紀、アイルランドに大打撃を与えたジャガイモの枯れ病の原因菌は、今日のジャガイモ畑で発生する枯れ病と同じものと、長く考えられてきた。しかし、遺伝子解析の結果、アイルランドのジャガイモ病の原因菌は、その後50年しか存在しなかったことが明らかとなったのだ」

5

大きく捉《とら》えるか、細部にこだわるか

CURTIS'S

BOTANICAL MAGAZINE,

COMPRISING THE

Plants of the Royal Gardens of Kew

AND

OF OTHER BOTANICAL ESTABLISHMENTS IN GREAT BRITAIN;
WITH SUITABLE DESCRIPTIONS;

BY

JOSEPH DALTON HOOKER, M.D., F.R.S. L.S. & G.S.,

D.C.L. OXON., LL.D. CANTAB., CORRESPONDENT OF THE INSTITUTE OF FRANCE.

VOL. XXII.
OF THE THIRD SERIES;
(*Or Vol. XCII. of the Whole Work.*)

" In order, eastern flowers large,
Some drooping low their crimson bells
Half closed, and others studded wide
With disks and tiars, fed the time
With odour."
Tennyson.

LONDON:
L. REEVE & CO., 5, HENRIETTA STREET, COVENT GARDEN.
1866.

世界最古のカラー印刷による継続定期刊行誌「*Curtis's Botanical Magazine*」。
現在もキューから刊行中。

毎週恒例の東南アジア班による「仕分け作業」が、キューの標本室で行われている。その目的は、新たに到着した標本の同定と、個々の標本の科に関する討議で、今日の検討対象はパプアニューギニアからの標本であった。シドニー・モーニング・ヘラルドという地元オーストラリアの新聞紙で包まれた標本は、ハーバード大学の標本室から、その識別に対する確認と、情報共有のためにキューに送られてきたものである。

キューの分類学専門家のひとりティム・ウッテリジが率いるこのグループは、植物学における分類上の問題を解決し、近縁種を探索し、時に新種の発見を行っている。ウッテリジは、ひとつの希少種を示して以下のように述べている。「この種を過去に記録した人は、まずいないでしょう。成熟すると、白く柔らかいマシュマロの裂け目が開き、中から数百の種が現れる。我々は、これが新種かどうか調べている」。科学者はその議論を重ね、繰り返しこの質問を検討する。

新種の発見は、キューの基本的な役割で、大きな責任と論理上の難題を負っている。マメ科植物の責任者グリム・ルイスは、以下のように述べている。「最初の遠征はボルネオで、1980 年代のことだった。事前のレクチャーで、首まで泥水に浸かり、眼鏡が鼻からずり落ち、汗が流れ落ち、蚊に喰われながら、掴み取った植物が、本当の新しい科学だと教わっていた。実際、その植物が新種で、学名が付けられてないことを知ると私は熱狂したものだ。この感覚が、私の過去 30 年間における努力の源となった」

「科学の世界では、学名が、極めて重要な要素になる」と、1877 年に、最初にその建物を建設した T.J. フィリップス・ヨドレルにちなんで命名された、キューのヨドレル図書館の管理人マーク・チェイスは述べている。

これは、「種」とは何か？　という生物学における、最大の命題に関連し、さらには、「種」はどこで生まれ、どこで消滅するのか、いかにしてそれを知りうるかの問題でもある。

19世紀の中頃には、植物の識別と分類が、単なる目録作りよりずっと大切な作業と考えられるようになった。これら識別作業以上に根深い問題は、種の命名には多くの論争が生じることである。そもそも、種はいかにして生じたのか、という問題については激しい議論があった。進化——「種の形質転換」の概念は論争となり、過激で、常軌を逸したものとみなされた。そのような考えは労働者階級の成り上がり者が、社会革命を意図したもので、イングランド紳士の研究には、そぐわないと考えられた。しかし、別の考え方をもつ者もいた。チャールズ・ダーウィンは、1831～1836年のビーグル号での世界探検を通して、種は常に進化すると確信するようになった。進化論を証明するために、ダーウィンは実際にひとつの種から別の種に、緩慢な進化によって変異した例を呈示する必要があった。そこで、ダーウィンは科学の分野で親交が深かったジョセフ・フッカーの助けを求めることにした。

ジョセフは、キューの公式初代園長だったウイリアム・ジャクソン・フッカー（3章参照）の次男として、1817年に生まれた。ジョセフはその少年時代、父親の講義を熱心に聴講し、父親に付いて植物学を学んでいた。旅に憧れ、後にその少年時代を振り返って、次のように述べている。「子供の頃から、クック船長の航海記が好きで、祖父の膝上でその図画を観るのが喜びだった。最も印象深かったのは、ケルゲレン島クリスマス港の情景であり、海に迫り出したアーチ形の岩と、ペンギンを捕まえる水夫の姿が描かれていた。私はいつの日か、この素晴らしいアーチ岩を見て、頭からペンギンの群れに飛び込めれば、最高の人生になると思っていた」

1839年、22歳のジョセフ・フッカーは、帝国海軍のHMエレブス号に、医療職として乗船が認められ、ロス船長のもとで南海に出帆した。

ジョセフ・フッカーの南極日記（1839 年 5 月～ 1843 年 3 月）より。

フッカーはダーウィンの輝かしい足跡を辿り、標本を採集し、イギリスに帰ってから発表すべき研究を行うことを望んでいた。彼は、宣教師で印刷業も営むウイリアム・コレンソといった将来の重要な協力者を得ている。コレンソとは、ニュージーランドで会い、現地の植物叢を提供する重要な協力者になっていた。

自然史に関する多くの知見と、膨大な標本を携えて帰国したフッカーは、キューの収蔵に貢献した。彼は父親が構築していた、世界各地の植物愛好家との連絡網を用いて、植物の収集を続けた。フッカーは、キューにおいて、父親と並ぶ優位な地位を得ると、地球上の収集家に向けた、植物分布と相関関係を示す地球全体の鳥瞰図の作成を企画した。この事業には、フッカー親子が率いる、キューの標本室が中心的な役割を果たした。ジム・エンダースバイは以下のように説明している。「標本室は、フッカーに地球を一望する力を与えた。この標本室は自然界の混沌に秩序を与える存在となった」

フッカーは、地球上の多様性に興味をもっていた。植物種の地理的分布様式、たとえば気候によって栽培作物が変化する過程や、異なった地域に生息する植物種の違いと共通性などである。彼はまた、1799～1804年を南アメリカで過ごした、プロイセンの自然学者アレキサンダー・フォン・フンボルトから強い影響を受けた。一連の科学機器を備えた、フンボルトとその仲間は、高度とともに変化する気温を記録し、植物の分布範囲を示す、最初の地図の作成を使命としていた。

フンボルトの地理学的手法は、ただちにフッカーに影響を与えることになった。フッカーは、フンボルトの手法を用いれば、異なった環境下における、植物種の多様性を明確に示す地図の作成が可能になると考えた。また、フッカーにはより大きな目標があって、植物学をより科学的な、物理学におけるニュートンのような因果関係の明確な学問領域に発展させたいと思っていた。キューでは、彼の学説を裏付けるために、標本の作製と解析を自らの仕事として課した。ダーウィンはこの若者を信頼して、次のように記している。「地理学的分布という、創造上の規則を決定付ける壮大な目的に挑む、最初のヨーロッパ人として、貴方に会うべきだと思っている」。今日、ジョセフ・フッカーは、生物の地理学的分布の背後にある、様式と過程を理解する学問、生物地理学の父として認められている。

フッカーの最大の武器は、植物を分類する技量にあった。冒頭に示したように現在の分類学を用いた種の同定作業と同様に、フッカーは、種の同定に微細部の観察を適用したが、一方で、植物種の相違点について、巨視的にその様式を捉えることもおこない、現在でも使用されている、植物の「科」および、より上層の分類をも行った。新しい標本が到着すると、彼はそれをどのように分類するか、非常に明確なスタンスをもっていた。ただし、本人の弁によると、彼にとっての最大の問題は、意外にも「自然主義者」の存在であった。

フッカーの目には、自然主義者とは植物学に関しては無知であるにもかかわらず、自らを専門家と勘違いしている節があると映っていた。フッカーにとって、その仕事に対する最大の賛辞は、それが「哲学的」であるということで、それは、厳格で正確な原理に基づくことを意味していた。彼は落胆して、以下のように述べている。「植物学の研究レベルは低下し、自然主義者の手に落ちようとしている。彼らの考えは種を越えて上部には及ばず、些細な小事にこだわるやり方は、悪評を呼んでいる」

「細部重視」によって、フッカーは現在の分類学でも行われている妥協策を行ったものの、彼自身は「併合派」で、個々の植物を大きな変化の中で、可能な限り大きく捉えようとした。「併合派」の対極が「詳細派」で、些細な変化を捉えて、完全に新しい種として認定した。「併合派」を自認する人々の集まりで、明らかに過去に知られている種を新種として持ち込んだ、植民僻地の植物学者が、フッカーの怒りに触れている。フッカーは同僚のジョージ・ベンサムについて、皮肉かつ多少の満足感とともに「彼は、私と同様に、偉大な併合派になった」と記している。

拡大する大英帝国の各地から、数千の自然主義宣教師、海軍医、さらにフッカーの場合には自然主義司教までもが、発見した植物をキューに送ってきた。その多くが新種として命名されていったが、フッカーには新種と認定するほどの差異は認められなかった。多忙なフッカーにとって、時間の浪費は非常に迷惑でもあった。しかも、フッカーから見ると、それらの標本の提供者は、いずれも単に命名者としての名誉を得るために、新種として同定するよう求めているように思われた。

フッカーの考えでは、キューの標本をもとに、植民地からの要求に対して、是非を判断する、ある種の権限を備えることが必要であった。しかしキューに強力な権限を確立しようとするフッカーの行動に対して、反対意見もあった。たとえば地球の反対側に居たフッカーの知人で、自然主義宣教師のウイリアム・コレンソは、彼が発見したニュージーランドの植物種の評価に関しては、フッカーよりも優れていると自負していた。コレンソは、ニュージーランドで根気強く標本採集を行い、6,000 種におよぶ植物を標本室にもたらしていた。一方、マオリ族の顔面刺青を模した瓢箪容器などの民芸品も、キューの博物館に送っていた。コレンソは近隣のマウイ族と親しくなり、徐々に、その文化へ傾倒していた。コレンソの考えは明解で、ニュージーランドの植物相は、フッカーのものよりも遙かに豊富で、たとえばニュージーランドのシダ類 *Lomaria procera* には6の種類が存在するのだが、フッカーはその中の1種しか知らないと、思っていたのである。

一方、フッカーはコレンソは自信過剰と思っていた。1854年、フッカーはやや不機嫌に「標本室をもたない貴殿に……」「新種として提示された標本は、すでに広く知られている」と書き送っている。コレンソも負けておらず、彼はその標本の詳細は、乾燥工程と、標本紙に固定され、地球を半周する過程で失われていると確信していた。地元地域に関する情報収集に熱心であったコレンソの最大関心事は、ニュージーランド亜麻 *Phormium tenax* で、マオリ族の間では、ハラケケとして知られる、主要産物であり、地元では多くの利用方法が知られていた。コレンソとしてはこの植物の多様性は、当然、「種」の定義に値するものと考えていたものの、フッカーは同意しなかったのである。

コレンソのような植民地の専門家が提出する標本を、無条件ですべて受け入れてしまうと、キューの標本室は重大な影響を受け、標本量はやがて建物の収容能力を超えてしまう。これは、ジョセフ・フッカーの併合主義的観点からも問題であった。ジム・エンダースバイは次のように述べている。「フッカーが行ったのは、ニュージーランド産のシダと、他の南半球各地のシダを比較することであった。彼はそこに緩やかな一連の変化を認め、それは交配によるものであった。そこで標本室の床一面に広げられた一連の標本には、全体として不連続変化は認められなかった。フッカーの考えでは、不連続性の変化が存在しなければ、新しい種とは認定できなかった」

コレンソがニュージーランドの地で、生きた植物を目前にして、第ひと

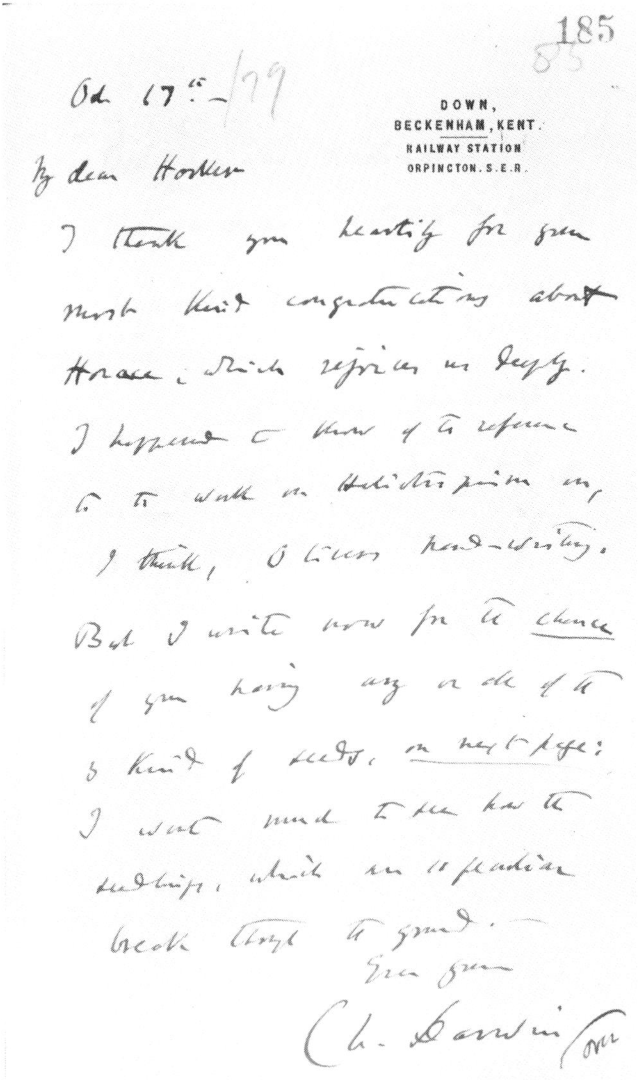

185

Oct 17th — /79

DOWN,
BECKENHAM, KENT.
RAILWAY STATION
ORPINGTON. S.E.R.

My dear Hooker

I thank you heartily for your most kind congratulations about Horace, which rejoices us deeply.

I happened to know of the reference to the work on Heliotropism in, I think, Olivers hand-writing.

But I write now for the chance of your having any or all of the 3 kinds of seeds, on next page: I want much to see how the seedlings, which are so peculiar, break through the ground.

Ever yours

Ch. Darwin

チャールズ・ダーウィンからジョセフ・フッカーに宛てた、
種子の提供を依頼する手紙。1879 年 10 月 17 日付け。

り者を主張する一方、フッカーは、複数の国々の広い分布域から収集した標本の比較によって、種は決定されるべきだと信じていた。ジム・エンダースバイの言葉によれば「ある意味でフッカーは、調べたい植物から切り離されていた。……しかし彼は、乾燥・圧縮された植物標本を用いて、その植物の生育現地ではできない仕事を行っていた」。フッカーにとっては、キューという中心からの視点で、競合する主張に対して、釣り合いのある判断を下すことができたのである。彼は時に、併合派としての仕事に喜びを感じていた。彼は、ジョージ・ベンサムに「これは途方もなく刺激的な仕事だ。標本は日々衝突を繰り返している」と書き送っている。

ダーウィンは、その大著「種の起源」への実例掲載について、フッカーの助力を望んでいた。ダーウィンは自然淘汰が生物の多様性を生み、長い時間の中で、多くの新しい種に進化すると、強く思っていた。しかし、ダーウィンは、その進化はゆっくりと進行することも強調している。フッカーは、人間の一生という時間は、小さな変異が新しい種に進化するのに要する時間より短いと結論付けている。

今日でも、キューの植物学者は、フッカーと同じ問題を抱えているものの、近年の遺伝子解析技術は、問題の解決を容易にしてくれている。マーク・チェイスは、植物界に関する最近の総説で以下のように述べている。「我々が試みているのは名前を付けることで、ある種、固定化された概念ではあるが、その対象は、常に種分化の過程にある。植物種は静止しているのではなく、常に進化している。その中には、高度な多様化過程にあるものもあれば、絶滅に向かっている種もある。我々は、現時点における静止画像として、植物の多様性を捉えている」。異なった時代の人々は、また異なった視点をもって記述し、こう言うことだろう。「これは新種だ」と。

「細部派」か「併合派」かの風潮は、現在の分類学界にも存在し、両者は綱引きを行っている。いずれにせよ植物学が、化学や地質学と並んで、科学界の名誉ある一隅を占めるようになったのは、フッカーによる国際的な命名法の確立にある。最後に、ティム・ウッテリジのグループはその仕分け会議の結果、白いマシュマロ状の標本は新発見ではないと結論した。「標本室には類似性のある標本が多数存在し、その点について、学術誌上に短報を掲載する予定」とのことである。簡単には答えの出せない、永遠の課題は、どこで線を引くかということである。

6

外来種の栽培

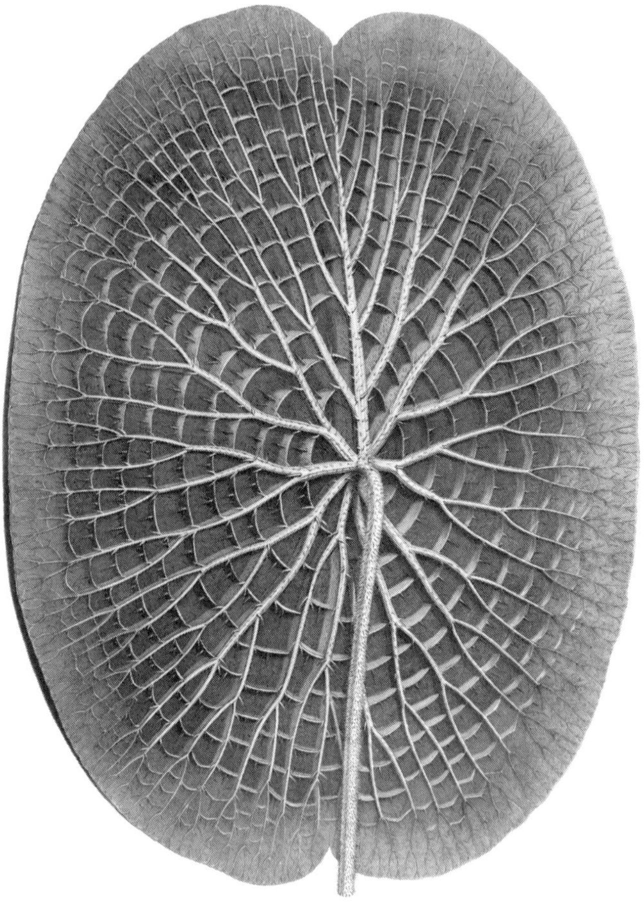

巨大なアマゾン産スイレン浮葉の裏面、
ウイリアム・シャープ、1854 年。

キューの英国皇太子妃記念温室では、大きな芭蕉の木の向こう側に、深いプールがあり、その水中を大きな、ヒゲのある魚が緩慢に泳いでいる。プールの中央には、5 枚の円形葉が水面に浮かんでいて、色は淡い緑から濃い赤色を呈している。3ヵ月前の 1 月に移植されてから、その葉は直径 1.5 フィートにまで成長したが、まだその全容を示してはいない。広く一般に知られるようになってから長くはないが、それには、睡蓮の女王 *Victoria amazonica* の名が付けられている。ひと月もして、夏日ともなれば、その葉は直径 10 フィートに達し、芳しい花が開花する。

「最初は夜、大きな白い花が咲き、パイナップル様の芳香を発する」とキューの科学収集課のララ・ジェウィトは説明している。

「芳香は一段と強くなり、甲虫類を誘引して受粉を促す。いったん受粉を終えると、花は閉じ、2 日目の夜に再び開花する。この時には花はピンク色で、パイナップル様の匂いは消失し、雄しべが現れる。甲虫類は花粉を携えて、次の花を受粉させる」

ヨーロッパ人として、最初にこの巨大な植物を目にしたのは、ドイツ生まれの測量士ロバート・ショーンバーグで、1837 年正月元旦のことであった。王立地理協会から、新たに大英帝国の一部となった英国領ギアナへ水路探索を目的に派遣されたショーンバーグは、バービス川の測量中に、行く手の遠方に奇妙な植物を発見した。漕ぎ手に、近付くように命じると、彼は「驚異の植物」に出会うことになった。過去に見たことのない大きさと美しさをもった睡蓮であった。「水面に浮いた、直径 5 ～ 6 フィートの大きな葉は、盆状で、広い明るい緑色の縁をもち、底は深紅だった」さらに素晴らしいことには、花が咲いていた。その華麗な花には数百の花弁があり、その色は純白からバラ色、ピンクなどさまざまで、大気はその強い芳香で満たされていた。

「すべての災難を忘れ、自分が植物学者であるかのごとく感じ、自分で自分を賛美したくなった」とショーンバーグは記している。

彼の乗った小船（corial）には、この大きな植物標本を載せる余裕がなかったので、ショーンバーグは蕾と最も小さな葉を、塩水を満たした樽に保存した。また、種子、蕾、葉を支える茎などの詳細な写生を行ってから、職務に戻った。彼は、この樽を3ヵ月間携えて、他の8000種におよぶ植物標本、鳥の皮、ワニの頭骨、昆虫、化石、岩石などとともに、郵便船で本国に発送した。ショーンバーグは密かに、この植物がその時点での王位継承者だったヴィクトリア皇太子妃に提出され、その名を冠することを願っていた。2ヵ月後、彼の標本と手紙が王立地理協会に到着した時、その賛辞はより確かなものになった。ヴィクトリアが女王位に就き、協会の新たな支援者になったのである。

ショーンバーグは、発見した植物が植物学者による命名が必要であることを知って、王立地理協会を通して、発見した植物の標本類をロンドン植物学協会に送るように求めた。しかし地理協会は、この発見が植物学者に横取りされることを恐れて、委託には消極的であった。そこで協会は、標本とその描写記録をジョン・リンドレイ（すぐに、キューから報告書の提出を求められた）に託した。園芸協会の副会長で、ロンドン大学の植物学教授だったリンドレイはその仕事に適した人物であった。さらに重要だったのは、彼が王立地理協会の特別会員だったことである。リンドレイは協会のために、植物の同定と命名を行い、その詳細な結果が植物学協会に送られる計画を整え、ショーンバーグの手記、スケッチ、腐ってしまった蕾などは、すぐにリンドレイの元に送られた。

ショーンバーグは、彼の発見は *Nymphaea* 属の睡蓮だと信じていた。ところが、リンドレイがその描写を他の *Nymphaea* 属の植物と比較した結果、彼は、この植物が他の属であると確信した。それは東洋に生育する、別属の睡蓮 *Euryale* とも異なっていた。これは、リンドレイにとって幸運であった。「*Euryale*」は、ギリシア神話のゴルゴーン姉妹の長女名で、その頭髪には鋭い牙と蛇が絡み付いていた。女王は、そのような名前の植物に、自分の名が付されるとは思っていなかったにちがいない。リンドレイの最終的な意見は、この植物は新しい属のもので、過去に知られていないというものであった。

「私の考えではこの新植物は、当初提案された *Nymphaea victoria* の名を短縮する形で、女王陛下の御名を通常の属名として採用するのが最適と思われる。したがってここに、この植物を *Victoria regia* と命名する」。これは、良い選択であり、女王もこれを承認した。

ロンドン植物学協会の会長だったジョン・エドワード・グレイが、発見に関する詳細な報告を受け取った時、彼は協会がリンドレイに植物の鑑定を依頼しているとは知らず、したがって、彼自身が分類を手がけて、独自に *Victoria regia* と命名した。そうした中、ドイツの植物学者エドアルド・ポエピッグが 1832 年に、南アメリカ原産のよく似た植物について報告している、という知らせが入った。彼は、その植物を *Euryale amazonica* と命名していた。しばらくの間、正しい学名についての議論があったものの、20 世紀になって *Victoria amazonica* と改名されるまで、リンドレイの付けた学名が広く用いられた。当時、先端の植物学者がこだわっていたのは、生きた標本を得るために、植物の種子を手に入れることであった。1837 年、園芸家向けの雑誌「*Gardener's Magazine and Register of Rural and Domestic Improvement*」上に、スコットランドの植物学者で庭園設計家のジョン・クラウディアス・ロウドンは、以下のような情熱的意見を表明している。

「この素晴らしい植物が早くキューガーデンに導入され、園芸学が発展するとともに、水生生物棟が女王陛下の名にふさわしいものになることを希望する」

生きている植物を育てられる温室の建設は、19 世紀初頭に登場した新しい技術であった。18 世紀に作られた保護栽培温室は、外国産の

ジョセフ・パクストン設計による、ダービシャー州チャッツワースの巨大温室。

植物を展示するためのもので、通常、北面が壁、南面に木製枠の窓が設けられていた。ここに、産業革命のおかげで新しい可能性が生まれた。錬鉄が安価に製造されるようになり、ガラス製窓枠材として、木材よりも強く展性に優れた、金属製の枠で全面を覆うことが可能になった。初期の温室設計者だったロウドンは、太陽からの採光を最大にする、ジグザグ状の「背梁と溝」の屋根構造を開発し、1816 年には湾曲させても強度が維持される、錬鉄製の枠材で特許を取得した。これらの新素材と技術革新の結果、湾曲した屋根とガラス製のドームの建設が可能となった。その 4 年後には、外国産植物に特化していた、ロンドンの有名な育苗会社 Messrs Conrad Loddiges and Sons は、長さ 80 フィート（約 24.4m）、幅 60 フィート（約 18m）、高さ 40 フィート（約 12.2m）の国内最大の曲面温室を誇るまでになった。

1823 年、温室が裕福な地主階層の庭園における必需品となると、若く野心的なジョセフ・パクストンは、州都のチャッツワースに住む、ダービシャー大公の主任園芸師の職を得た。装飾品の修理や、長く放置されていた庭園の配置改善などを行った後、パクストンはチャッツワースの改良を加えた既存施設や新設した温室で、果物や野菜の試験栽培を始めた。その上で、彼は、ロウドンの「背梁と溝」構造の再構築を企画した。パクストンの改良によって、太陽光は朝夕、ガラス面に対して垂直に差込み、透過光が最大化された。また真昼の直射日光は、ガラス面に対して、斜めに投射させることで強度が緩和された。この方法は温室の設計に革命をもたらした。

1835年、パクストンはガラス加工で培った技術と知識を用いて、世界中の不耐寒性植物の巨大な温室栽培に着手した。長さ227フィート（約7m)、幅123フィート（約3.7m)、高さ67フィート（約2m)、1エーカー（約4,000㎡）の地面を覆い、曲線の屋根は「背梁と溝」構造であった。枠は木製で、それが鉄管を支えていた。地下のボイラーで石炭を焚き、地下のトンネルを通して、温室を熱帯気候の温度に暖めた。

1836年の初め、ロバート・ショーンバーグが英国領ギアナにおける探検を行っている頃に建設は始まった。シャベルと手押し車で、基礎を作るだけで数ヵ月を要し、当時最大のガラス板をはめ込む状態になるまで3年間かかった。パクストンの伝記を手がけたケイト・コルクホンは、以下のように述べている。

「それは見事だった。美しく、巨大で、園芸の劇場として、世界中の珍しい植物が生育していた。ダーウィンはこれを見て、人工的に可能と考えていた最良の状況より、さらに熱帯の自然に近い、と言っていた」

1840年、パクストンの巨大温室が完成した際、ショーンバーグは *Victoria regia* の種一包みをチャッツワースに送っている。パクストンはその発芽を試みたものの、成功させることはできなかった。1846年になって、ウイリアム・フッカーがキューガーデンで *Victoria regia* の発芽に成功し、イギリスにおけるアマゾン睡蓮栽培の競争に勝利した。3年後、フッカーは30粒ほどの種子を無料配布したが、受け取った中にはパクストンも含まれていた。

V. regia の花を咲かせる競争に勝利するため、パクストンは巨大温室内に熱帯生育地を模した水槽を設置した。温熱管によって土壌を暖め、小さな水車が水流を保ち、苗木には水性肥料が施された。8月の初め、水槽に移植された時には直径6インチの葉が4枚だったが、10月の初めには、葉は直径4フィートに成長し、新たに大きな水槽が必要になった。11月の初めには最初の蕾が現れた。大得意のパクストンは、彼の雇用主に、次のように書き送っている。

「ご主人様、ヴィクトリアが花を付けました！　昨日の朝、ケシの朔果に似た巨大な蕾が現れ、夕方までには、カップに入れた大きな桃のようになりました。……その華麗さは説明しがたいものです」

11月のイングランドで、熱帯植物の開花を実現させたパクストンの成功は、産業革命によって可能になったものである。これは、温室の柱用鋼材の入手が容易になったこと、曲面ガラスの製造が可能になったこと、および蒸気ボイラーによる暖房技術であった。産業化による大気汚染も、

温室はますます人気の商品になった。
1876年、「*The Gardeners' Chronicle*」に掲載された広告。

1851年開催の万国博覧会用に設計、
建設されたジョセフ・パクストンの水晶宮。

ススに汚染されることなく植物栽培ができる温室の導入を促進した。パクストンは、彼の巨大温室で育てた植物が、温室建設技術の改善に役立つことに気付いた。*London Illustrated News* 紙が、パクストンの開花成功の取材に訪れた際、彼は巨大植物の葉の強度を示すために、その娘アニーを1枚の葉の上に載せた。葉は、何の問題もなく娘の体重を支え、パクストンは、この事実から発想を得た。すなわち、睡蓮の葉の構造を模倣することで、温室の構造をより強靭にできると考えたのである。

睡蓮が示す自然の工学技術から、このヴィクトリア朝時代の探求者は刺激を受け、新たな発想を得たのである。アマゾンの現地でも探険家たちは、目にしたその特別な構造に感心して記録していた。イギリスの植物学者リチャード・スプルースは1849～1864年にかけて、アマゾンとアンデス地方を旅行し、やはり植物と人間の産業製品の類似性を、次のように記している。

「葉を裏返すと、溶鉱炉から取り出された鋳鉄を模した赤色で、葉の強度を支える多くの葉脈は、より類似性を高めている」

一方、イングランドではパクストンが、睡蓮葉の裏側の支柱構造を模して、新しい *Victoria regia* 用の温室設計を行っていた。その葉は、中心から放射状に支柱が延び、底の大きな突起と、互いに桁掛けされた厚い中間支柱が葉の曲がるのを抑え、水面上に浮遊させていた。パクストンの睡蓮棟はこの自然の工学技術を模倣し、「背梁と溝」構造の平らな屋根は、葉のように強く桁がかけられていた。1851年の万国博覧会を開催するための、新しい建築が議題にあがると、パクストンは睡蓮棟の構造を利用して、巨大な建造物を建設する可能性について熟考を重ねた。最終的に彼が提出した、長さ1,848フィート（約563m）×最大幅456フィート（約139m）×高さ108フィート（約33m）の計画が承認された。長年の経験と *V. regia* の葉の特殊構造に支えられて、パクストンはロンドンに、当時世界最大のガラス製構築物、水晶宮（*the Crystal Palace*）を完成させるに至った。

万国博覧会が開催されると、大英帝国各地から多くの物品が展示され、その中には、原寸大のロウ製 *Victoria regia* の複製もあった。裕福な園芸家だけでなく、一般大衆もこのアマゾンの神秘を体験できたのである。*The London Illustrated News* 紙は、その複製の精巧さに言及して、次のように報じている。

「私は昨日、植物園で本物の花を見る機会があったが、複製品は、想像を超えて忠実に作られている。そこには、花、蕾、葉があり、青と白の睡蓮が取り囲み、女王陛下を待つ女官たちのようだった」

原産地アマゾンの熱帯雨林から遠く離れた場所で、女王陛下の睡蓮を発芽させて開花させたことにより、キューガーデンのウイリアム・フッカーとチャッツワースのジョセフ・パクストンは、一般に熱帯雨林に対する興味を惹起し、植物の魅惑で、現在のキューと同様に人々を引き付けた。ここに、水晶宮は、巨大植物の威厳を伴って、大英帝国とその将来性をひとつ屋根の下に、広く人々に示すことになった。

7

天然ゴムの開発

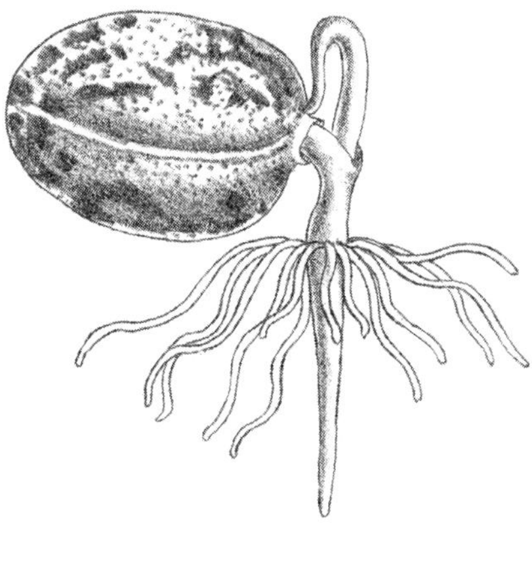

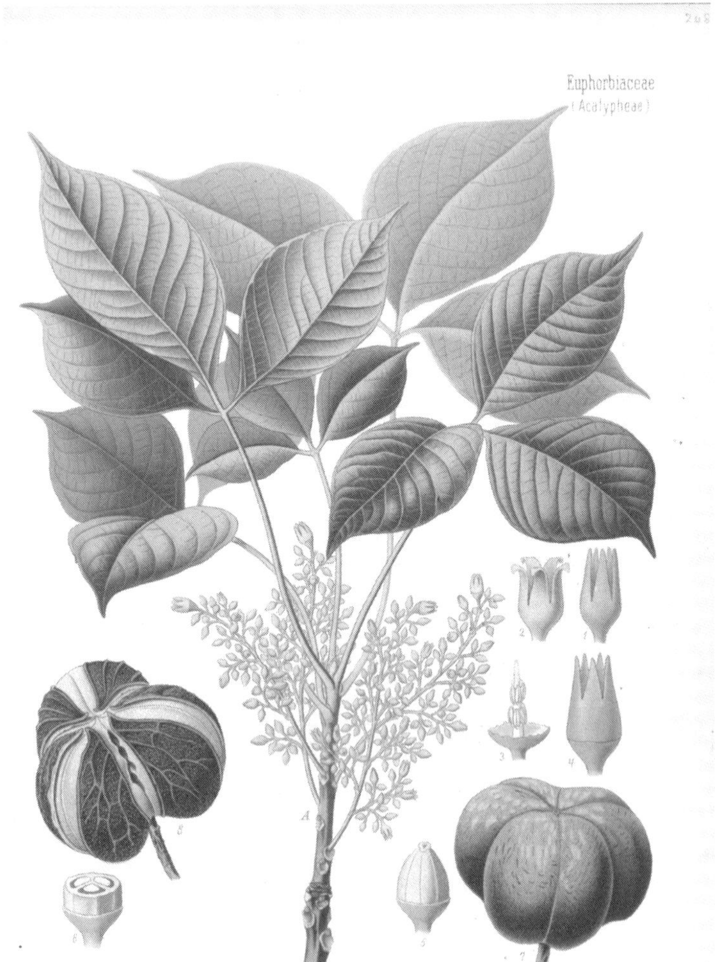

Hevea brasiliensis、
ゴムの木、1887年。

天然ゴムは、大英帝国の最も大きな経済的成功例のひとつである。ゴムがなければどこへも行くことはできない。自動車は動かないし、外科手術用手袋も作れない、テニスをすることも、国際通信網で情報交換することもできはしない。このどこにでもある物質は、エネルギー産生、建築、宇宙技術からファッションまで、すべてのものに使用されている。しかしほんの150年前には、今日のゴム産業はまだ誕生していなかった。当時、今日では天然ラテックスとして知られる乳液を産する木が、南アメリカに自生していた。イギリス政府は大胆な計画を立て、キューガーデンのプラントハンターになって、アマゾンの熱帯雨林から、その種子を盗み出し、今日の我々が日常的に使用しているゴムを生産しようと考えた。

約3000年前、中米南部から南米北部のメソアメリカの人々は、種々の植物由来のラテックスを用いて、ボールや玩具などを作っていた。1492年にスペイン人がアメリカ大陸を植民地化すると、ゴムの存在に気が付いた。1615年には、年代記録者ジュアン・デ・トルクエマダが、メキシコのスペイン人は樹液を用いて耐水性の帽子を作っていると報じている。1653年、ベルナベ・コボ司祭は、熱帯雨林の中で脚を保護するために、長靴下を樹液で被膜したと記している。しかし、ヨーロッパ人は1736年に、自然主義者のシャルル・マリー・デ・ラ・コンダミネが、*Hévé*（今日、*Castilla elasyica* として知られる、パナマ・ゴムの木）および、それから得られる粘着性物質 *cahuchu* あるいは *caoutchouc* について報告するまでは、関心をいだいていなかった。

その数年後、別のフランス人フランシス・フレスニュウが、ラテックスについて記載し、西洋における用途に言及した。スコットランド人のチャールス・マッキントッシュも、ゴムの可能性を発見した最初のヨーロッパ人のひとりであった。この時期までにイギリスでは、ラテックスは筆記具のの消しゴムとして使用されていたが、当時は南アメリカをインドと呼んでいたため「インドゴム」の名称が使われていた。しかしマッキントッシュは、初期の南米旅行者が印象に留めた、耐湿性に注目し、固形のインドゴムが液体のナフサに溶解することを発見したことから、その溶液に布を浸すことで耐水性を付加することに成功した。彼は、「マッキントッシュの二重防水生地」として、特許を取得したが、それは、裏地のゴム層とゴム布からなる二重構造であった。1823年、耐水性のマッキントッシュのコートが誕生したが、それは当時のコートの大半であった吸水性羊毛や綿製のものより、格段に優れていた。

ゴムには、高温で変質するという難点があった。もうひとりのゴム製品開拓者であるチャールズ・グッドイヤーが製造した、ボストンのアメリカ郵便局向けの郵送袋は、夏季の高温下では粘着性が生じ、冬季の低温下では割れやすいなどの欠点があった。1839年、グッドイヤーは硫黄と鉛を高温化でゴムに添加することで、耐久性と安定性に優れたゴムを開発した。マッキントッシュの共同経営者であったトーマス・ハンコックは、外套用のゴム素材の改良に努め、グッドイヤーと同様の方法を開発し、古代ローマの火神の名にちなんで名付けられた「加硫《かりゅう》ゴム」は付加価値の高い製品になった。その用途は無限で、伸縮性に富んだ布地から、海底ケーブルの絶縁体まで、さまざまな用途があった。

1851年ロンドン、ハイドパークのジョセフ・パクストンの水晶宮で開催された万国博覧会の工業産品展示が、一般に公開され、大英帝国各地から寄せられた新しい産品に触れることができた。水晶宮は後にロンドン南郊シデナムに移築され、そこには残骸が残っている。展示品の中には、マッキントッシュ、ハンコック、およびグッドイヤーのゴム製品も含まれていた。グッドイヤーのコーナーでは、硬質ゴム（エボナイト）だけで作られた展示品の部屋があった。展示品の中には、宝飾品、煙草用パイプ、果物鉢などの装飾品もあった。これらの展示品は、万国博覧会を訪れた600万人の人々にゴムの優れた汎用性を示したのである。

アルバート王子は、万国博覧会の陰の立役者で、芸術と科学の熱心な推進者であった。ロンドンの自然史博物館とロイヤル アルバート ホールは、王子の支援と万国博覧会の収益を用いて設立された。ヴィクトリア女王が、マッキントッシュの展示場前に立ち止まった際、そこにはウイリアム・クーパーの詩「博愛」の一説が刻まれた硬質ゴム製のプレートが展示されていた。

「交易の絆は、再び築かれ、すべての人類は手を結び、豊富な産品の存在によって、貿易は地球を金の帯で結ぶ。何事もやり遂げる知恵をもて、神は自然の果実を与えるであろう、土地ごとに他の地の産品を必要とし、それによって人々の需要を満たす……」

当時、重要な品物の大半は植物から得られていた。茶、コーヒー、砂糖、タバコ、綿、麻などである。王室に捧げられた詩は、一般市民の声そのもので、時世を反映して、世界中の自然資源を交易することが立派な事業と考えられていた。奴隷貿易が廃止された1833年当時でも、その種の交易の必要性を主張する者があった。奴隷制度による砂糖産業が栄える一方、他の植物の合法的な貿易によって、地球上の異なる地域の人々が、友好的な関係を構築できるとも信じられていた。

19世紀の中頃まで、キューガーデンは世界的な植物学者の集まりから、新しく珍しい植物を送ってもらっていた。その標本の選別と研究を行いながら、キューの専門家はその経済的価値も評価しようとした。イギリス政府は、キューに対して商業価値のある植物の育苗を求め、それらは、植民地の植物園に送られ、利用価値の高い作物を産する大農園を形成した。インド現地局のクレメント・マークハムはすでに、多くの南アメリカ政府の意向に反して、マラリア治療に有効なキナの木をインドとセイロンに移植していた。万国博覧会で成功を収めたゴム製品に対する新たな需要に応えるために、それを産する植物の種子を入手することは、最も重要な政策になっていた。

この課題は、南アメリカからの報告によって緊急性を増した。すなわち、現地では、ゴムの木の樹皮をすべて剥いで、樹液を採取してきたことから、その生育数が減少していることであった。この方法は、樹液を採集するのには適していたが、ゴムの木をしばしば枯死させる結果になっていた。需要が拡大するにつれ、ゴム樹液採取者は新たな木を求め、価格は高騰した。プラントハンターのリチャード・スプルースは1853年発行の雑誌上に、ブラジル北部のパラーにおけるゴムの高騰について以下のように報告している。

「すべての住民が、ゴムとその代替品を求めて行動している」。彼の記録によれば、25,000人が狭い地域でゴム産業に雇用されていた。パラーの労働者の多くが、ゴム産業に転職したため、砂糖、ラム酒、小麦粉などは、他の地域から輸入しなければならなかった。

キューの保管庫にある書簡には、園長のジョセフ・フッカーが、他の

ヘンリー・ウィックハム画による
「オリノコ河上流、インドゴムの季節における仮小屋」、1872年。

ラテックス産生植物にまして、*Hevea brasiliensis*（パラゴムノキ）を好んだことが記載されている。1874年の後半、イギリス政府はブラジルにおけるコーヒーの生産、中央アメリカにおける鳥類の皮の貿易、種子1,000粒あたり10ポンドで10,000粒の種子を集めたなどの実績があるヘンリー・ウィックハムを採用した。ウィックハムは、過去に採集植物をキューに提供し、その著書「トリニダードからパラーの自然に関する旅行概要」でゴムに関する知見を示したことがあった。1876年の1月、ウィックハムに対する報酬の議論は長引いたが、最終的には、以下のように決断した。

「私は、可能な限り多くのインドゴムの種子を得るべく、クリンガに赴こう」

当初のイギリス政府は、ゴム生産の拠点をインドに置く考えであった。1873年、キューは2,000粒のヘベアゴムの種子をブラジルから入手した。これは、薬学協会会長で、ゴムに関する歴史、産業、供給、採取法などの著作のあるジェームズ・コリンスの指導によるものであった。キューの園芸師は、そのいくつかを発芽させ、若木をカルカッタとビルマ（現在のミャンマー）に送った。しかし、カルカッタの気候は乾燥し過ぎていたため、ただちにコリンスはキューに、より多くの種子を入手した上で、セイロン（現在のスリランカ）およびマラッカ（現在のマレーシア、当時は英国海峡領）での栽培を提案した。

フッカーは、ウィックハムの植物学経験が浅いことを知って、キューが種子の採集を委託したのは無理な話だとは思いながらも、インドの事務所からウィックハムに、適切な場所と時期にヘベアゴムの種子を得るように圧力をかけた。ウィックハムは密封梱包用の箱に70,000粒の種子を詰め、「非常に繊細な植物標本で、女王陛下所有の王立キューガーデンに特別に宛てたものである」と税関に申告した。ウィックハムの個人的な努力の結果、これらの種子はブラジルから秘密裏に輸出された。後に、ブラジル人はこの事実を知り、国際法で許されない行為として、ウィックハムに窃盗の汚名を着せた。スポーツマンシップには反するかもしれな

ヘンリー・リドレイ（左）、ゴムの木に施した、
樹液採取のための矢筈模様を提示している。

いが、当時、植物の輸出を禁止する法律はまだなかった。ブラジル人もまた、種子の「窃盗」に反対しながら、1797 年にはフランス領ギアナのカイエンヌから、スパイスの種子をパラーに持ち込んだ。

ゴムの種子は傷みが早くて、ウィックハムが提供した 70,000 粒の内、発芽したのは 4% 程度にすぎなかった。彼の任務が、生きている種子すなわち発芽する種子の採取であれば、結果はより良好であったかもしれないが、何らかの理由により、この条件は契約内容から外されていた。いずれにせよ、1876 年には合計 1,919 本の苗木が、ウィックハムの 70,000 粒のヘベアゴム種子から育成され、32 本の *Castilla elastica*（カスティラ）の苗とともに、セイロン、コロンボ行きのデボンシャー公号に積み込まれた。これらの苗木は、ジョージ・スウェイツが監督するキャンディーのペラデニア植物園に到着し、その受領についてフッカーに、次のように報告している。

「ヘベアとカスティラの苗は無事到着した。ヘベアの 90% は間違いなく本物で、カスティラの 31 本中 28 本は緑を保ち、生育が期待できる」

セイロンの庭師は、ペラデニアのゴムの木が、乾燥した北東の季節風に曝されるからと、より高度の低いコロンボ近郊のヘナラスゴダ植物園へと移した。キューの記録によれば、移植後 15 年でヘナラスゴダの木の幹は、地上 1 ヤード（0.9m）で、周囲 6 フィート 5 インチ（183cm）に達した。その木からは、1888 年には 1 ポンド 11.75 オンス（787g）、1890 年には 2 ポンド 10 オンス（1,191g）、1892 年には 2 ポンド 13 オンス（1,276g）のゴムの樹液が採取された。スウェイツの後任者ヘンリー・トリマンは、1880 年に次のように書いている。

「この木の状態が悪化する兆候はなく、その他の樹液採取した経年木は、完全に回復している」

キューが最初のゴムの木をセイロンに向けて発送した翌年、22 本の苗木がキューからシンガポールの植物園に送られた。植物園の責任者だったヘンリー・J・ムルトンは、その内の 8 本を園内に、残りをマレー半島

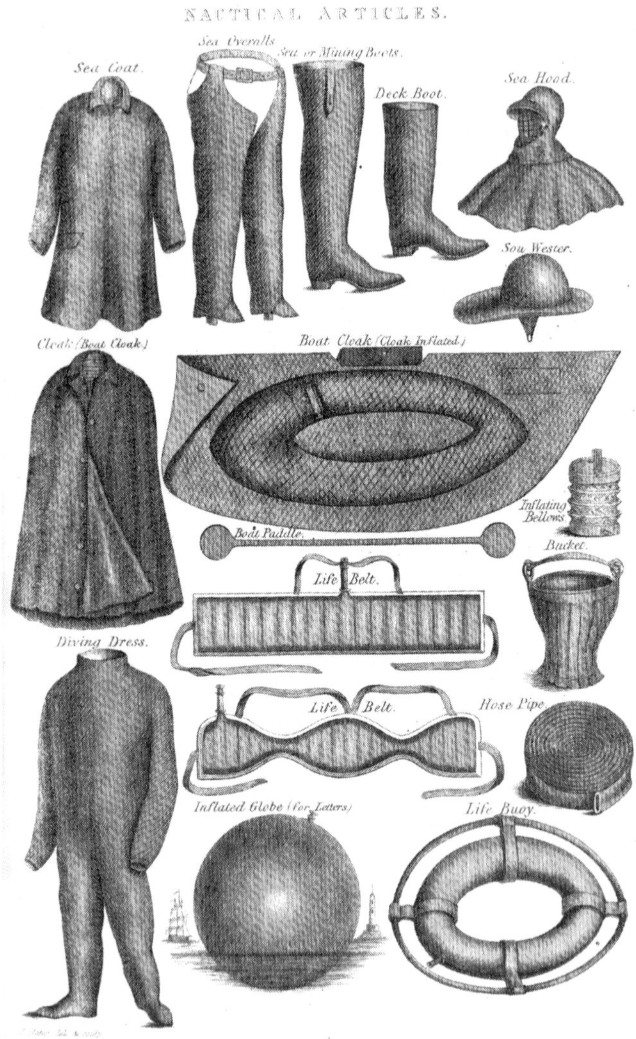

インド産ゴムで作られた、
海上用製品の一部、1857 年。

の別の場所に移植した。ムルトンの後継者は、最初の苗から実生で育成した 1,200 本の苗木を植え、この植樹は、1888 年シンガポール植物園の園長になったヘンリー・リドレイへと引き継がれた。フッカーの催促もあって、リドレイはゴムの木の研究に注力した。彼の最初の仕事は、荒れ放題のゴム農園の耕作で、彼自身の表現によれば、やぶが茂り、27 フィート（823cm）のニシキヘビを含む蛇の楽園であった。

リドレイの実験によって、ゴムの木は 24 時間絶え間なく樹液を分泌し、傷を修復した新しい樹皮も、傷を彫り直すことで、最初と変わらないゴム樹液を産することがわかってきた。このことは何年にもわたって、毎日、傷を彫り直すことが可能だということであった。彼は、垂直の溝に対して、左右 2 本の薄い横溝を掘る「矢筈彫《やはずぼり》」を採用した。両側の溝から分泌された樹液は、中央の垂直な溝に集まり、根元の採集桶に溜まる仕組みであった。桶に溜まった樹液には酢酸が加えられ、ゴムが白いクリーム状に分離する。これを平らに伸ばし、カビ避けのために薫煙を施し、乾燥させた後で輸出した。

これまでに、ゴムは多くの分野で必要とされてきた。1890 年 6 月「*The India-Rubber and Gutta-Percha and Electrical Trades Journal*」には、ゴム製テニス靴の製造者が、需要を満たす供給が得られなくなり、次のように申告している。「ゴム相場は強気で上昇している。品薄なところに、少数の者が買い占めているので、価格は高騰する。先はまったく予測できないが、さしあたり価格の低下はみこめない」

1882 年のキューの年報には「インド事務所で始められた事業は成功を収めている」と、満足げに記されている。しかも、より大きな経済的成功が期待されていた。1893 年、ゴム仲買会社 Hecht, Levis & Kahn は、キューが送ったセイロン産ゴムの試供品を評価して、品質は非常によく、加硫《かりゅう》作業も同様に優秀で、品質に貢献していると書いている。最も重要なのは、彼らが「大量注文にも応じて、簡単に積み出しができる」ということである。新しく、多方面からの需要が生まれれば、ゴムはセ

1851年、万国博覧会に出品された、チャールズ・グッドイヤーの
エボナイト製品のコレクション。キューの実用植物収蔵品から。

イロンの主産品として、茶をしのぐものになるだろう。

インド洋を隔てたシンガポールでは、「ゴム」あるいは「熱狂」のリドレイとして知られるようになり、ゴムに対する需要は、すぐに供給を超えると予想されていた。彼は地域の役人や農民に会うと、ポケット一杯のゴムの種子を与え、栽培を勧めた。最初は、興味を示すのは少数だったが、農民のティム・ベイリーが、数年以内に50万ポンドをゴムの栽培で手にすると、状況は一変した。リドレイは次のように回想している。「誰もが熱狂し、土地の値段は高騰し、放棄地、果樹園、庭先にもゴムが植えられ、誰も他の会話はしなかった」2隻の蒸気貨物船がアマゾンで沈没すると、ゴムの価格は急上昇した。マレーシアのゴム栽培は、キューガーデンから送られた22本から端を発し、一夜にしてブラジルの取引を崩壊させてしまった。

今日、キューの実用植物標本の低温室には、万国博覧会のゴム製展示物が保存されているが、新しい素材の多面的な用途が明らかに示されている。箱のひとつには、グッドイヤーのエボナイト製収集品が収

Linnaea borealis（リンネソウ）、スウェーデンの分類学者カール・リンネが命名した植物。彼は、これで茶を作ろうとしたが、その息子は「かなり、不味い」と評している。

1775年以来、キューにある有名なソテツ *Encephalartos altensteinii*。世界最古の鉢植え植物のひとつ。南アフリカから、採集家フランシス・マッソンによって持ち込まれた。

Stapelia gordonii か *Stapelia Novae* の間の種、サー・ジョセフ・バンクスによって派遣された、キュー最初のプラントハンターのフランシス・メイソンによって、1796 年、アフリカ奥地で発見された新しい属。

カール・リンネが命名した、ナツツバキ *Stewartia malacodendron*、リンネの友人で協力者であった、高名なジョージ・ディアニシアス・エレット（1708-1770）画。

ロンドン中心地、サー・ジョセフ・バンクス自宅内の標本室。1820年、フランシス・ブットによるセピア画。

ロンドン、リンネ協会にある、マホガニー製書棚に保存された、カール・リンネの蔵書と収集品。

オニユリ *Lilium tigrinum* と、モッコウバラ *Rosa banksiae*。サー・ジョセフ・バンクスが指示した探索で、若い収集家ウイリアム・カーが中国で採取した。

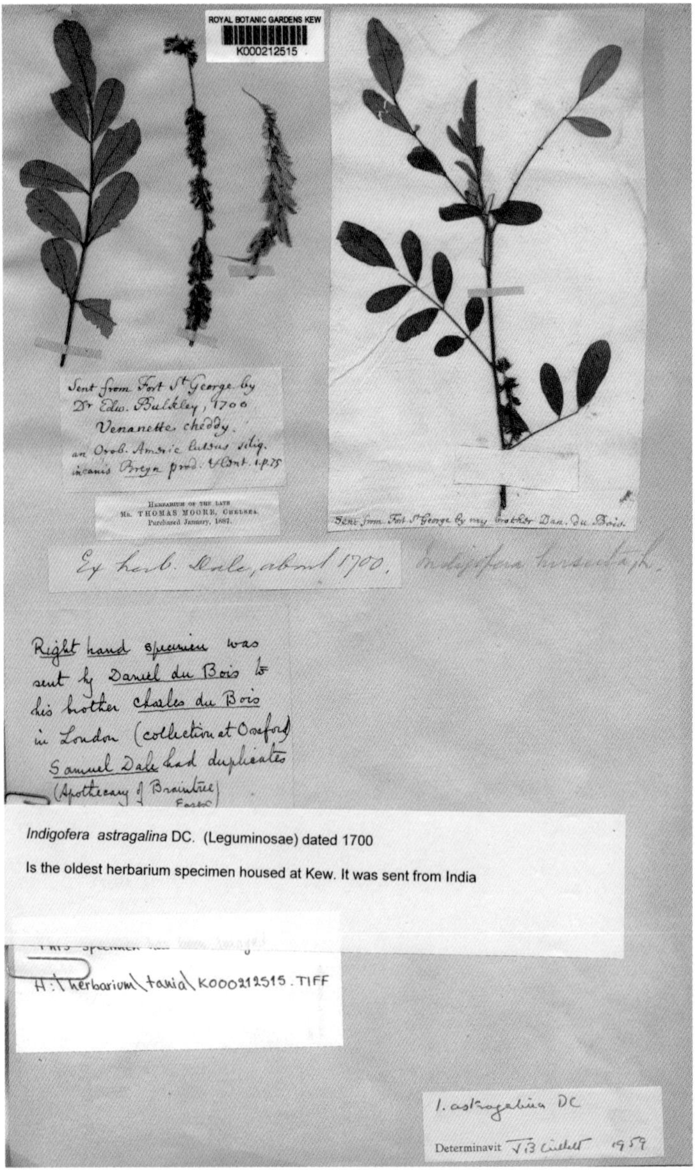

キューの標本室には750万種の乾燥植物標本があり、標本室の証拠書類になっている。1700年の表示がある、この標本は、元来デール標本室のもので、インド原産の豆類である *Indigofera astragalina* の表示がある。

タイから到来したカウィーサックのリュウケツ樹 *Dracaena kaweesakii* は、2003 年に初めて学名が与えられた。これには、採集場所の詳細、現地での呼び名、生息環境が、採集日と採集者の名前とともに記載されている。

遺伝子解析によって、ポインセチア、世界最小の花（植物の中心に小さな花が密集している、左上）と、1メートルに達する世界最大の花であり、腐敗臭を発する、熱帯アジア原産のラフレシア（下図）が密接な関係にあることが解明された。

められていて、それらは黒く堅いゴム製の装飾品である。鎖様の腕輪、結び目状の耳飾り、楕円形のブローチには2匹の鹿が描かれていて、複雑な角模様が型抜きされている。別の箱には4個の灰色のガスケットが収められている。見た目には地味ながら、蒸気機関においては鉄製パイプを接続する、重要な用途のあるゴム製品である。収蔵室の責任者マーク・ネスビットは、次のように指摘している。

「ここには、あらゆる種類の日用品があるが、ガスケットほどに産業上重要なものはない」

新しい、不思議な素材であるゴムの可能性を示すこれらの品々は、当時の大英帝国の繁栄、希望、企業家精神を彷彿させてくれる。他国の植物を自国の植民地で栽培し、それと交換に他国からの物資を入手することに、ヴィクトリア時代の道徳観を問うことがあったとしても、今日の数十億ドルにのぼるゴム産業と無数の製品を生んだのは、彼らの洞察力と忍耐力にあったのは確かである。1950年代、合成ゴムの生産が植民農園からの供給を超えたが、現在でも天然ゴムの生産は、世界全体の約40%を占めている。フッカー、ウィックハム、リドレイらが、ゴムの木とその樹液の可能性を認識していなかったら、今日の生活は、じめじめとして、デコボコで、騒がしく、より危険なものになっていたことだろう。

8

蘭のマニア

19 世紀の蘭収集熱。
輸入ラ蘭販売の広告。

熱帯植物が入手困難で貴重だった日々は、過去のものとなり、誰もが、数ポンドの出費で、蘭を購入することができる。栽培家は、*Phalaenopsis*（胡蝶蘭）、*Cymbidium*（シンビジウム）、*Dendrobium*（デンドロビウム）の蘭の種子鞘から得られる数千の小さな種子を発芽させることに熟練していて、数百万株を育成して販売することで相当な利益をあげている。その結果、我々は地域の園芸センターやスーパーマーケットで、いつでも熱帯の楽園の一部を手にすることができるようになった。多くの人々が蘭を購入することから、*Phalaenopsis* は花木協会から一度ならず、イギリスで最も人気のある鉢植え植物の栄光を得ている。毎年キューで開催される蘭祭りでは、熱帯気候の環境下で、珍しい蘭を鑑賞することができる。キューガーデンのボランティア・ガイドであるエマ・タウンシェンドは、次のように語っている。

「蘭は魅惑的、異国風で、時に性的な暗示を含んでいる」「天井から垂れ下がる、信じられないほど色彩豊かなバンダ種を観に来る人もあれば、涼しい展示室で、温帯性蘭の細部を観察する人もいる。またなかには、顔を上げて、珍しい芳香を発する蘭の香りを嗅ぐ人もいて、楽しみ方はさまざまだが、誰もが、蘭を贅沢の極致と認識している」

これら外国産の花々を、常に簡単に鑑賞できたわけではない。「*Encyclopaedia Londinensiss, Universal Dictionary of Arts, Sciences and Literature*」は、1810 年に、熱帯の *Epidendrum* 種の多くが、熱帯および亜熱帯アメリカからイギリスへと導入されているが、このような「寄生性」植物を栽培するには、高度な技術と注意が必要であると述べている。ここで「寄生性」の意味は、熱帯蘭の大半が、着生植物（実際には寄生ではない）で、他の植物上で生育するが、水分や栄養素は大気、雨水、周囲の有機堆積物などから得ている。

当初、栽培家はこのような着生植物を温室内で育成する適切な条件がわからなかった。結局1787年、キューの植物学者が、熱帯蘭 *Prosthechea cochleata* ——エピデンドルムの開花にイギリスで初めて成功する。本件や他の園芸家による初期の成功例が公表されると、イギリスの植物愛好家は、密林の樹冠という、隔絶され栄養源のない場所に繁茂するこの神秘的な植物の栽培に必死になった。

19世紀の初めまでに、「*Curtis's Botanical Magazine*、*Flower-garden Displayed*」は、*Epidendrum* 種の多くについて報告できるようになり、完全に開花させるようになった。じきに Loddiges and Sons 社が、ロンドンのハクニーの温室で蘭の栽培と販売を開始し、蘭への関心をさらに高めた。1845年、いわゆる「窓税」の廃止と、技術革新によって大きなガラス板を安価に製造できるようになったことに伴って、ますます多くの人々が裏庭に温室をもてるようになり、外国産の植物を栽培できるようになった。そのような贅沢な温室の所有は、最近まで富裕層と社会の上層階級を示すもので、社会的成功の証でもあった。植物園に納めるために世界中の秘境を探しまわる植物収集家と個人収集家は、これらの魅惑的な景気に注目した。「蘭のマニア」の誕生であった。

世界で最も華麗な蘭がイギリスに到着した話題は、園芸家で庭園設計者のジェームス・ベイトマンが1837～1843年にかけて著した、重く豪華な学術書「*The Orchidaceae of Mexico and Guatemala*」に発表された。ベイトマンは、蘭を「王家にふさわしい装飾品」と表現し、帝国支配と科学研究の融合をさりげなく表現した。彼がこの美しい植物に魅惑されたのは、8歳当時、両親の影響を受けたことに始まっている。後に彼は、オックスフォード大学で学んでいた時、トーマス・フェアバンの育苗所を授業で訪れた。そこで、彼は、蘭 *Renanthera coccinea* を初めて目撃し、またその開花時の図版を観ることができた。彼は、この時のことを回想して「私は一目惚れしとしてしまい、フェアバン氏は1ギニーしか求めなかったので（まだ高価ではなかった頃）、すぐに手に入れて、クリスマス休暇が始まるとただちにナイパースレイに持ち帰った。しかし、この蘭をどう扱ったら良いか、皆目わからなかった」と語っている。

　蘭に対する大衆の要求に応えたのはジョージ・ウル・スキナーであった。マンチェスター出身のこの努力を惜しまぬ収集家は、グァテマラに広大な土地を所有し、イギリスで約100種の蘭を新たに栽培した。その中にはピンクの花弁をもつ *Guarianthe skinneri*（グアリアンテ スキンネリ）のように、彼の名を冠した蘭もあった。この中央アメリカの国の植物生態は、スキナーが植物標本の送付を依頼されるまで、イギリスではあまり知られていなかった。ベイトマンは、その大著「*The Orchidaceae of Mexico and Guatemala*」の中で、スキナーの大いなる努力について、以下のように記述している。

　我々の手紙を受け取った瞬間から、ほぼ絶え間なく働き、彼らの秘密の場所からグァテマラの森の宝を掘り出し、母国の温室へと

ジェームス・ベイトマンの大著「*The Orchidaceae of Mexico and Guatemala*」
1837～1843年、ジョージ・クルックシャンクによる漫画。

> 移植した。この目的達成のためには犠牲を厭わず、危険や困難を自慢することもなかった。病気の時も健康な時も、仕事の最中も戦争による危険な時期でも、大西洋の海岸に検疫で足止めを食らおうとも、太平洋で座礁しようとも、一連の植物探索の手を緩めることはなかった。

スキナーは30年以上にわたりプラントハンターとして過ごし、その間、大西洋を39回横切った。旅の最後は突然訪れた。パナマ出航の当日、黄熱病による体調不良を感じて2日後に死亡した。

イギリスにおける蘭収集熱に火を付けたのは、魅惑的な*Cattleya labiata*（カトレア ラビアータ）の種類によるものであった。博物学者のウイリアム・スワインソンが1818年、ブラジルのペルナンブコへの採集旅行中に、初めて採取した。熱帯植物の栽培者で輸入者だったウイリアム・カトレイが、送られた標本を大切に育成し、大きなトランペット状の花を開いた。現在、その学名には彼の名が冠されている。

他のいくつかのカトレア種も開花すると、園芸家の間で大評判となったが、一方で、スワインソンはどこで最初の標本を採取したのか、正確には誰も知らないという問題が浮上した。当時はしばしば、探検地の地図を採集者が入手できず、したがってどこで発見がなされたのか、正確に知る方法が見つからなかった。約18年後、博物学者のジョージ・ガードナーがブラジルを旅行した際、彼は、2ヵ所の地点を探し出した。ガヴェア――トップスル山、およびその隣接する頂き、ペドラ・ボニータであった。しかし後者は、その後、別種の*Cattleya lobata*（カトレア ロバータ）であることが判明した。

魅惑的な*Cattleya lobata*はその後も入手が困難であった。何十年も後の1889年、ペルナンブコで再発見され、これらの植物採集熱が再燃した。

最初の蘭育成協会は1897年にマンチェスターで設立され、じきにイ

CYPRIPEDIUM GODEFROYÆ.

Price 42s. each.

For full descriptior, *see* page 19.

1886 年、ラン販売用の *Veitch* のカタログ。
この種は一株 42 シリング。

ギリス各地にも設立された。蘭の栽培が確立されると、より広範囲の人々にとって手が届くようになり、人気は上昇し、養苗業者は大量の植物を扱うことで大きな利益をあげた。彼らは、植物採集者を多数送り出した。1894 年には、ひとつの養苗業者だけで 20 名の採集者を世界中のジャングルに送り込んだ。その結果、需要の多い種類の自然生育数は激減した。キューの園長ジョセフ・フッカーは、蘭の採集規模に愕然とした。カルカッタの王立植物園からの採集者が、蘭を詰めた数百の籠を携えているのを見ながら、悲しげに語っている。

> ジェンキンスやシモンの採集者は、ここに何を持って来たというのか、20 ないし 30 名におよぶファルコナやロブの友人、私の友人であるカバン、ケイブ、イングリスの友人たち、ここの通路はまるでペナンのジャングルのようである。そこには腐った枝や蘭が、台風通過後のように散らばっている。ファルコナの採集者は先日、1,000 個のバスケットを送ってきたが、その内、栽培に値するものはどう見積もっても 150 個ほどであった。この状況はイングランドの温室がいまだに収集を続けていることを意味している。新種発見の可能性はアッサム、ジンティア、ギャロウなどの密林にしかない。したがって私個人は蘭の収集には投資しない。その代わりにヤシ類やショウガ類など、より入手が困難で、需要の少ない種に注目する。

その後の研究結果、蘭の生育は、特定の花粉媒介者に依存しているため、生態系の中で、媒介者が決定的な役割を担っていることが明らかになった。言い換えれば、生育地から蘭や、その生存に必要な植物を持ち去ると、生態系の健常な機能を阻害することになる。チャールズ・ダーウィンは、蘭とその生息環境の関係を科学的に明らかにした最初の人物で、ある種の蘭は、特定の花粉媒介者のみが、その花に接近できるように進化していることを指摘している。

「ダーウィンは2つの重要な発見をしている」とジム・エンダースバイは語っている。

「ひとつは、魅惑的で豪華な花の美しさは、人類を喜ばすために神が創造したという、旧来の説を明確に否定したこと。しかしより重要なのは、自然淘汰による進化論によって、蘭の奇妙な多様性、花と昆虫間に存在する『鍵と鍵穴』的な形態の存在を説明したことである」

動植物は神に創られたものではなく、自然淘汰の中で進化したとする、「種の起源」を書いた3年後、ダーウィンは次第に、蘭に魅せられて、「地球上の植物界で、最も特化し、進化した」ものと表現している。イギリス原産の多くの変種を調査、研究し、世界に目を向け、家族、友人、国際的な人脈（ジョセフ・フッカーを含む）の協力を得て、ダーウィンは、外国産蘭の育成の人気の中で優位な立場を確立した。1862年、ダーウィンは、一般に「蘭の受精」として知られる「*The Various Contrivances by which Orchids are Fertilised by Insects*」を著し、自然淘汰の過程を証明した。その中で、蘭の花の形状は、植物と昆虫による受粉の関係を直接的に示していると語っている。

蘭が昆虫を魅惑する方法のひとつは、花蜜である。昆虫が花蜜を得るために鼻先を花に入れる時、必然的に花粉を身に付け、同じ種の別の花に受粉させる。特定の昆虫と密接な関係を築くことは、植物にとって重要であり、特定昆虫の数は少なくても、確実に同種の植物を受粉させてくれるからである。その結果、花粉は効率的に使用される（通常、植物は他種の花粉では受粉しない）。この習性は昆虫側にも利益をもたらす。すなわち特定の蘭の花蜜を、他の昆虫と競う必要がなくなるからである。

1862年、ジェームス・ベイトマンはダーウィンに、素晴らしいトランペット状の星花を咲かせる蘭 *Angraecum sesquipedale*（アングレカム・セスキペダレ）を送った。ダーウィンはフッカーに「ベイトマン氏から *Angraecum sesquipedale* が届いた。その蜜腺は、なんと約30センチもあって、どんな昆虫がこの蜜を吸うのだろう」と書き送っている。その数日後の第

蘭じゃなくてゴキブリよ！　ジョージ・クルックシャンクスの漫画。
ベイトマンの *The Orchidaceae of Mexico and Guatemala* より。

2信でも、その点に触れて、「マダガスカルには、鼻先が10～11インチ(25～29センチ)の蛾が存在する」と書いている。ダーウィンは基本的に、蘭の長い蜜腺は、同じく長い舌をもった蛾によって、受粉を促すためのものと考えていた。ダーウィンの死後25年の1907年、そのように長い舌をもつ蛾 *Xanthopan morganii*(キサントパンスズメガ)が発見されたものの、実際に蘭の受粉を行う姿が確認されたのは1992年のことであった。

ダーウィンは進化論を公表したものの、その根本的な内容は当時の宗教上の教義と対立するとみなされた。1861年に「蘭が、現在の姿で創造されたとすると、信じがたいほどに奇怪なものに見える。すべての部分が変化に変化を重ねたものである」と記述している。ダーウィンの蘭に関する研究は、他種についての進化論をも進展させることになった。蘭とその受粉媒介昆虫の関係は、自然淘汰によって進化が進行することを強く証明していた。進化論のお蔭で、自然科学の学者はその研究成果に正確さと信憑性を与えることができるようになった。20世紀の革新的生物学者であるアーネスト・メイアーは2000年発行の「*Scientific American*」で、チャールズ・ダーウィンほどに、人々の常識を、決定的に変化させた生物学者はいないと述べている。

今日、地球上には約30,000種の蘭が存在すると、植物学者は考えている。ダーウィンおよび多くの研究者によって、蘭と受粉媒介昆虫の特殊な関係が明らかになったが、この特別な関係の存在がラン属繁栄の主たる要因なのである。

しかし、このような、特定環境への適応は、突然の環境変化に対しては脆弱である。ギレアン・プランス（1988～1999年、キュー園長）は、アマゾンの熱帯雨林で蘭と生態系の研究を行って、この脆弱性に注目した。

たとえばプランスは、商業的価値の高いブラジルナッツ（*Bertholletia excelsa*）の自然栽培は、蘭を含むアマゾンの熱帯雨林環境に依存していることを実感している。ブラジルナッツの木は雌のシタバチによって受粉されるが、この蜂は未開の森林にのみ生息する、数種の蘭の匂いを得た雄とのみ交尾する。このような異なった植物と動物間の微妙な相互依存関係は、多くの蘭が置かれた脆弱な環境、ヴィクトリア時代の人々のいう「自然界の秩序」を示している。

今日、キューの保存生物工学班では、蘭と生育地域間の複雑な関係の解明を続けている。その中には、ダーウィンが指摘した密線が長く深い花と、長い鼻の蛾の故郷であるマダガスカルも含まれている。マダガスカルは、蘭の宝庫であり、その多くが絶滅危惧種である。キューの部隊は、島の中央高原でキューでの繁殖と栽培のために約50種の貴重な蘭の種子を採集した。蘭は、ひとつの種鞘に数万の種子を作るものの、それは胚と外皮のみから構成されている。他の多くの植物と異なり、栄養源（内乳）をもたなかった。したがって、発芽のためには、外部からの栄養源を必要とする。

自然界では、蘭はその発芽を特定のカビに依存している。そのカビ（真

キューの研究所における、希少種の保存を目的とした、蘭の栽培。

菌）は蘭の根と共生し（トリュフの専門家、アルバート・ベルハード・フランクが菌根と名付けたカビ、4章参照）、種子が欠損している栄養素と炭水化物を供給し、蘭の苗の成長を促す。研究室では、炭水化物や栄養素は、菌根ではなく、単純に供給するが、適切なカビの共存下で発芽した苗はより速く、健全に成長していく。キューの当該部隊は、マダガスカルの蘭に自然共生しているカビを採集し、研究室でその共生関係を再現しようとしている。

キューガーデンのエイトン・ハウスの研究室では、数百の透明な培養瓶が、温度管理された部屋の金属製の棚に並んでいる。キューの保存生物工学班の責任者ヴィスワムハラン・サラサンは、結実した*Cynorkis*の植えられた2鉢を示して、カビの重要性を明示している。

「実験室における、通常の蘭の発芽実験には、基本ミネラル、ヴィタミン類、糖、ペプトンのような有機添加物が入った培地が用いられる」と、彼は、皿の中の3～4個の緑の点を指して説明している。「これは、植物が光合成（光のエネルギーを用いて、植物の成長に必要な糖を合成すること、第11章参照）を始める前に、培養器の中で成長していることを示している。しかし、同じ環境下で、ミネラル、糖、その他の有機物を添加せずに、特定の共生カビを加えることで、蘭の種子は多くが10倍も速く、発芽する」と別の鉢を示して語っている。

「苗の数を見て下さい。100近い個体がある。共生カビの存在が発芽と成長に最適な条件を提供しているのである。さらに、発芽数と成長速度に加えて、苗の品質もすぐれている」

実験室における蘭の育成から得られた知見は、マダガスカルの貴重な原種の保存に向けた一歩である。キューの植物学者たちは、希少種を大量に培養し、養苗場で育てた上で、自然に戻すことで、自己維持が可能になることを考えている。広い地域が、伐採、違法採集、採掘、焼畑式農耕などの危険に直面しているが、この方法は、蘭を自然環境下で再び繁茂させる上で、基本的な段階といえる。

「我々は、これらの共生育苗方法を大規模な再導入、再構築事業に提供している」とサラサンは述べている。

「マダガスカルは、地域が広大で費用もかさむことから、常時観測は難しい場所である。そこで元気な植物を元来の生態系に戻すことで、自然な回復過程を立ち上げようとしているのである。6ヵ月後、現地に戻る時にはこれらの苗を持って行く。最終的な目標は、希少種や絶滅危惧種の蘭を、実験室で共生育苗する方法を確立し、自然界に戻すことで自己繁茂させることである。その時、我々の仕事は完成する」

蘭の存在には矛盾した点がある。蘭の仲間は、複雑な進化の結果、地球上で最も多様性に富んだ科を形成した。ラン科の植物は、その形が驚くほどの多様性を示し、花は派手なカトレアから、蜘蛛の形をした *Brassia*（後者は、蜘蛛の天敵であるスズメバチに受粉を委ねる。スズメバチは蜘蛛と間違えて捕獲しようとする際に、花粉を身にまとい、別の *Brassia* の花を受粉させる）までさまざまである。蘭は、何世紀にもわたって、数百万の人々を魅了し、現在も園芸家の高い評価を得ている。同時に、蘭は地球上で最も絶滅の危険がある植物のひとつである。蘭は、早くに地球全体に分布したことから、やや邪悪な側面をもつことも明らかになってきた。すなわち植物界の暴れ者である。オーストラリア原産の *Spathoglottis plicata*（コウトウシラン）は、原産地では保護の対象だが、プエルトリコでは、侵襲性植物と見なされ、プエルトリコ原産の *Bletia patula* の繁殖を妨げていると考えられている。ある国においては、「王族の誇り」である植物が、他国では雑草になるのである。

9

植物の侵襲者

Pl. VI.

J. D. H. del^{t} John Murray, Albemarle Street, 1854. W. L. Walton, lith.

Kinchinjunga from Singtam (Elev^{n} 5,000 f^{t}.) looking West.

ジョセフ・フッカーは、ヒマラヤにおいて、
多数のシャクナゲの新種に出会った。

コンラッド・ロッディジーズが、その有名な育苗所をロンドンに開設するずっと以前、彼はオランダのハールレム近郊で庭師として働いていた。彼が育てていた外国産の植物の中には、トルコ、コーカサス、およびスペイン原産の常緑低木で、魅力的な藤色の花を咲かせるものがあった。1761 年、ロッディジーズがイングランドに移る際、彼はその種子を持参し、新しい雇用主である弁護士サー・ジョン・シルベスターのハクニーの庭に蒔いた。これは、イギリスにおける最初の蒔種だったが、それで終わることはなかった。19 世紀の中頃、キューの園長だったウイリアム・フッカーは以下のように報告している。「このように簡単で広汎な栽培が可能で、花を付ける低木を知らない。すぐに東洋種として *Rhododendron Ponticum*（セイヨウシャクナゲ）と命名すべきだろう」

ウイリアムは、息子のジョセフ・フッカーの著書「*The Rhododendron Ponticum of Sikkim-Himalaya*」に序文を寄せている。この 3 巻からなる大著は、1849 ～ 1851 年にかけて出版され、ジョセフがアジア探検で得た 43 種のシャクナゲが掲載されている。ジョセフの手紙には、これらの魅力的な植物が自然に生育している様子が、次のように描写されている。「シャクナゲ類の壮麗さは素晴らしいものである。この丘だけで 10 種が確認され、赤、白、紅藤色、黄色、ピンク、えび茶色などの花々で、崖が覆われている」

ジョセフ・フッカーはインドへの植物採集の旅を行った時､30 歳であった。初期の南極探検以前は、熱帯産の植物を持ち帰る旅に熱中していた。彼の目的地の選択は、庭園用の新しい植物を求めていた父親ウイリアムの影響を受けていた。1848 年にダージリンに到着した際、ジョセフはその風景と植生から強い印象を受けた。

> ダージリンに到着した日は、雨が降り、もやに霞んで10ヤード先も見えず、直線で60マイル先の雪山を認めることはできなかった。翌早朝、初めて展望が開けた時、私は、文字どおり、畏怖と賞賛を感じた。私の立つ場所と同じ高さに、森で覆われた6～7の峰が連なり、その向こうに雪に覆われた高山がそびえ、真っ青な空に、その天国的な稜線を示していた。少し離れた頂きには、そこかしこに、もやがかかり、陽が昇るにつれて黄金色からバラ色に輝き、次第にその輝きは、私の立っている場所に向かってきた。

現地のイギリス人やレプチャ族（シッキムではRongpaとして知られる、シッキムの先住民）の運搬人の助けを借りて、フッカーは多くのシャクナゲ類を収集し、その成果は、後に栽培に供された。しかし、その採集は楽なものではなかった。

> 高度13,000フィートの場所で、シャクナゲ類の種子を採集したが、指は凍りつき、決して容易ではなかった……3月の植物採集は難しいのである。ジャングルはしばしば密林で、帽子と眼鏡を一緒に保持するのがやっとであった。断崖は少し進むのにも、手足でへばり付くようにして登らなくてはならない。深い淵を渡る時には、狭い板の上を手で掴む場所もないまま歩かなくてはならない。

さらに政治的な障害もあった。ダージリンの北、シッキムの王は中国からの干渉を恐れて、国内でのイギリスの存在に神経を尖らせていた。インド政府の要請を受けて、1849年、シッキム王はチベットへは行かないことを条件に、しぶしぶフッカーらの通行を認めた。フッカーにとって植物の魅力は抑えがたく、青、ピンク、青紫、桜色のシャクナゲを求めて、チベット国境を通過することを我慢できなかった。シッキム王に捕われたフッカー一行は、イギリスの介入に対する恐れから解放された。

ヴィクトリア時代のキューにおけるシャクナゲの谷間。

植物画家ウォルター・フッド、フィッチの手描き彩色による、フッカーの著書は詳細な描写と美しい図版で園芸家を魅了し、シャクナゲの人気に火を付けた。シッキムの遠征から持ち帰った種子は、チャールズ・ダーウィンやジョセフ・パクストンを含む 21 名の個人と、8 つのヨーロッパの植物園、スコットランド、イングランド、アイルランドの 19 ヵ所のシャクナゲ園、さらに、11 のイギリス国内の育苗所に配布された。地主階級の人々にとって、青々とした低木は、その領地を華麗かつ壮大に飾り、その成長と交配は、喜んで受け入れられた。彼らは、*R. ponticum* を台木とし、そこにフッカーがシッキムから持ち帰った種を接ぎ木し、既存の林の中にも植樹し、1860 年代の後半には、大量に育成し、泥炭地の表層を覆うためにも用いられた。

採集旅行中に、蘭の採集による荒廃を目にしたフッカーは、長期間にわたる人間の活動が、自然界に及ぼす影響を懸念した最初の植物学者になった。1882 年、キューにおける展示では、旅行家であり冒険家でもあった、高名なマリアン・ノースの絵画が公開され、フッカーはその印象を以下のように述べている。

> 訪問者は、ここに掲げられた絵画の多くに、驚異的で特異的な情景が、鮮明かつ現実的に描かれていることを、楽しく思い出すことだろう。その対象は植物界の奇跡だが、斧、山火事、鋤、入植者の群れの前に、すでに失われつつあるか、失われる運命にある。このような風景は自然には回復しないし、いったん消えてしまった記憶は蘇らない。この婦人が、我々およびその子孫に残してくれた記録のみが残されているのである。

皮肉なことに、シャクナゲの展示によって、ジョセフ・フッカーは165年後の現在においても、イギリスの田舎で猛威を振るう、一連の不祥事を引き起こしてしまった。彼の父ウイリアムによると *Rhododendron ponticum* はイギリスに根付くのに何の助けも必要とせず、数百万の種子を付けるだけでなく、根から吸根(ひこばえ)を出し、地面に接した枝からも根を生じて広がった。当初は新しいイギリスの地に歓迎された植物でしたが、よく繁殖し、結果的には魅力的な外来植物から攻撃的な侵入者に変わりました。ジム・エンダースバイは以下のように指摘している。「イングランドの大部分は、住民の庭から這い出した、シャクナゲに覆われている。それは、人が足を踏み入れない林にも進出し、時には、イギリス原産の植物を圧倒している」

19世紀、国から国へと多くの植物が移植されたので、シャクナゲだけが新天地で繁茂したわけではない。

今日、最悪の雑草とされている植物の多くは、元来は計画的に移植された植物である。大きく異国的な花と葉をもち、庭園の華麗な主役だった植物が侵入者となったのである。このような植物が広まった原因のひとつは、庭師やジャーナリストのウイリアム・ロビンソンらによる「自然

「自然な植生と形式に束縛されない様式庭園」1883 年、
ウイリアム・ロビンソンの「*The English Flower Garden*」より。

植物園」運動によるものである。ロビンソンは水晶宮の周囲に展開される通常の庭園様式を嫌い、イギリス本土以外のさまざまな「自然植物」の庭園を望んだ。1883 年発行の「*The English Flower Garden*」において、彼は、「自然植物園」について、「丈夫な外国種を、その原産地の環境下で栽培すべきである」と述べている。華麗で人目を引くシャクナゲのような植物は、その要求に適していた。

自然植物園建設の動き、植物採集者、育苗所、植物園などのすべてが、実際に問題の多い侵入種の導入に主たる役割を果たした。1 世紀以上にもわたるこれらの統合作用は、世界各国において平均 50 種類の侵襲性の強い動植物を残した。外来種は適切な環境を得ると、植物、動物、真菌類などの間に存在する微妙な自然の関係を損ない、生態系全体を破壊する。キューのイギリス海外領および保護活動の責任者であるコリン・クールベは、次のように説明している。

「非常に攻撃的な侵入者が、狭い地域に入り込むと、その数を爆発的に増やし、その影響は急速に広がって、太陽光と栄養素を在来種から奪い、在来種はその数を減らして、時に絶滅する」

Lantana camara（ランタナ）は植物界の侵略者である。この常緑で印象的な金色の花を付ける低木は、イギリスでは装飾的低木として育成されているが、強力な侵略者としての性質を備えている。この植物は荒れた土地でも成育し、切られても根元から再生する。南アメリカ原産でオランダ人探検家によってヨーロッパに持ち込まれ、その後、世界中で栽培されるようになった。

カルカッタの植物園には、生垣用植物として1807年に導入された。100年後、インドの大英帝国林野省に勤めていたドイツ人のディートリッヒ・ブランディスは、この植物について「非常に強い生命力」で、セイロン（現在のスリランカ）とインド半島に広がり、落葉樹林における「最も厄介な雑草」になっていると記録している。その50年後、事態はさらに悪化し、森林作業員のT.ジャヤデブによると、若いチークの植林地で足を踏み入れられないほどに地面を占有していると報告されている。種々の根絶の試みにもかかわらず、現在でも問題として残っている。インドの試算では、*Lantana camara*の処理に1ヘクタール当たり9,000インド・ルピー（88ポンド）の費用が発生している。現在では650種のランタナの交配品種があり、60の国と島々で猛威を振るっている。

島は、外来種の侵入に対して特に脆弱である。1876年、アセンション島から帰ったジョセフ・フッカーは繊細な黄緑色の葉をもち、小型のパセリに似た島の固有種であるリシリシノブ（シダの一種、*Anogramma ascensionis*）について報告している。この種は1889年に再度記録された後、1958年にイギリス人科学者エリック・デュフェイによって、島の北側のグリーン山で見つかるまで、ほとんど忘れられていた。この植物はその後、数十年間、度重なる探索にもかかわらず発見できず、2003年に絶滅が宣言された。この植物を消滅させた原因のひとつは、ホウライシダ（*Adiantum* 種）の導入で、固有種が生育していた岩棚を占領してしまった。しかし2010年、グリーン山の南斜面の切り立った尾根を登っていた、アセンション島の保護局員らは、裸岩の上に小さなシダの葉を見つけた。これこそが長年失われていた固有種のシダであった。さらに探索した結果、4つの小さな個体を発見した。

この発見は、保護に向けた大がかりな活動に結びついた。すなわち小さな群体から胞子を採取し、無菌箱に入れて島の空港に運び、英国空軍機でオックスフォードシャーのブライズ・ノートンに空輸するというものである。到着した胞子は、空港に待機した車でキューガーデンに運ばれた。キューには多くの植物育成の経験があり、このアセンション島の担当者も、胞子を発芽させ、成体まで育成することに成功した。今後は各担当者が協力して、この固有シダをアセンション島に再移植することが目標である。ただし、最初に外来種のホウライシダとの戦いが待っている。

「現在、試験的に行われている方法は、固有種のシダが自己増殖できる環境を整える目的で、限定した地域のホウライシダを除去することである」とコリン・クールベは説明する。

「このような保護を目的とした介入は、常に必要と考えている。園芸学的な技術を駆使して、侵入種が在来種を圧倒する兆候が見られた場合には、積極的な介入によって競合種間のバランスを維持する」

侵入種の駆除は、しばしば失敗する。またバランス制御の維持には多額の費用が必要で、新しい方法を考えなければならない。2010年の世界銀行統計によると、インドでは32.7%の国民が、1日当たり1.25米ドル以下で生活し、ランタナは貧しい人々の生活を支えている。その果実は美味で（鳥もその実を食べて、種子を広範囲に運んでいく）、マーマレードやジャムに加工することができる。また、家内工業で豊富なランタナを用いて、紙や手織りのバスケットが製造されている。

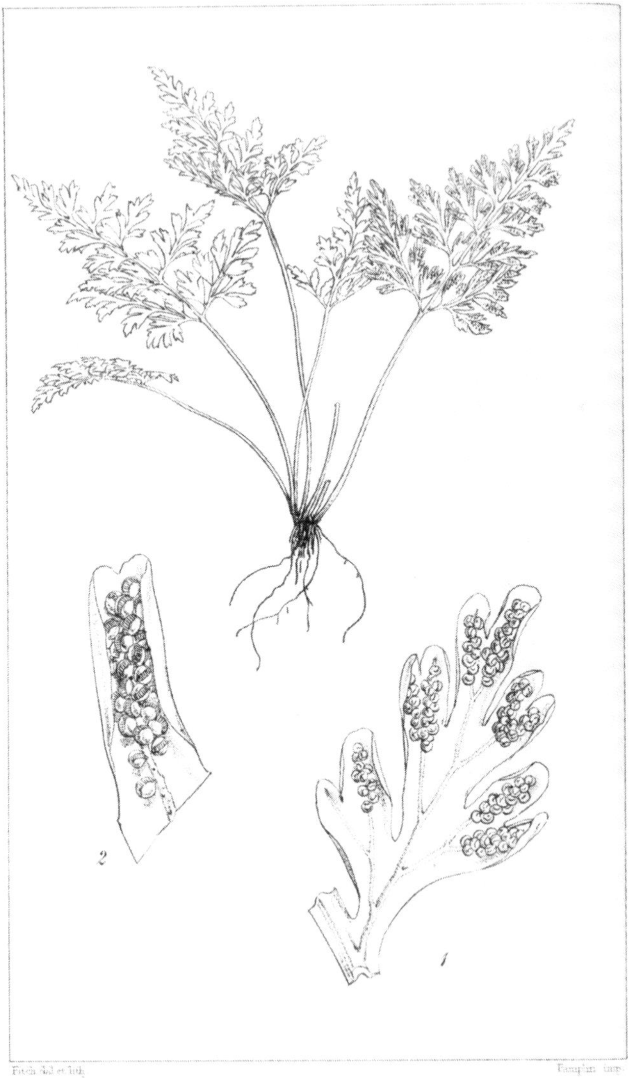

W.H. フィッチのスケッチによる、
アセンション島の固有種シダ。

「この例は、侵入種の取り扱い上の問題を示している」とイギリスの通信制大学講師ショニル・バグワットは語っている。「保護の重要性は、生態系の中で、より多くの固有種をいかにして残すかにあり、ランタナを切って編み籠を作ることで、その繁茂を抑えることは一石二鳥の解決方法となるのです」

コリン・クールベは、気候変動が世界的な植物分布に影響を与えている状況では、侵入種を既存種と共存させる方法が最良としている。言い換えれば、ヴィクトリア時代の科学者による外来種導入のすべてが、間違った行為だったわけではないのである。

アセンション島のグリーン山は、外来種の集団が豊かな生態系を形成することを示す生きた見本である。今日、その山は緑の森に覆われているが、それは在来種によるものではない。この島には、元々約 25 種の在来種しかなく、その内 10 種は固有種だったのである。

この山が樹木で覆われるようになった過程は、遠くチャールズ・ダーウィンのビーグル号による探検に遡《さかのぼ》る。1815 年以降イギリス領として、大英帝国海軍の基地が置かれていたアセンション島に、1836 年、ビーグル号は 4 日間の停泊を命ぜられた（当時、近くのセントヘレナ島には、ナポレオンが幽閉されていた）。火山岩の岩山を歩き廻った後、ダーウィンはこの島を「小さなイングランド」のような緑のオアシスに変える構想に達した。

チャールズ・ダーウィンの友人だった、ジョセフ・フッカーがアセンション島を訪れた 1843 年までには、植物の繁茂する植民地の前線基地になっていたが、さらなる発展のためには真水の供給が必要であった。ダーウィンはこの問題をフッカーと共有し、その問題の解決策を協議し、アセンション島に植樹することで、降雨を取り込み、水分の蒸発を抑制することで、肥沃な土壌を作ることにした。この島を自足自給可能にすることを求めていた英国海軍の積極的な支援と、ジョセフの父であるキューのウイリアムによって、1850 年より植物の搬入が始まった。1870 年代の後半までには、ユーカリ、ノーホーク島原産の松、竹、バナナなどの植物が、島の高地で繁殖を競うことになった。今日では、移植された植物は大西洋から吹き付ける湿気を吸収して、ダーウィンやフッカーが予想したように、島の乾燥を防いでいる。

今日、アセンション島の密林は新しい生態系を提示している。それは、200 ～ 300 種におよぶ外来種、在来種、人的移植種外来種などから構成される、生態系によるものである。このキューによる歴史的な植物導入は、基本的には「地域創生」に関する最初の試みで、その結果、自己再生的な生態系によって、この島の植生条件がより良好になることが望まれる。大規模な気候変動が予想される中、植物学者は、グリーン山を外来種との共存の中で、既存の生態系を維持し、新たに創生する好例として注目している。極端な侵入種は、常に「敵」と見なされるが、多くの在来種と共存して、生態系を維持する外来種も存在するのである。

いずれにせよ、キューとアセンション島の保護活動家が直面した、固有シダ種の絶滅回避行動や、*Lantana camara* と *Rhododendron ponticum* の繁殖制御活動は、固有種と既存種のバランス維持の困難さを示している。現在でも毎年 2000 種の新種が登録され、その中には有害な侵入種の候補者も存在するのかもしれない。また、ある植物が原産地から遠く離れた場所に移植されても生育するかどうかは、1844 年、チャールズ・ダーウィンの時代からの謎である。

「植物の多くはどこで発芽しようとも、あらゆる場所で生育している」。アセンション島における、バランスが維持された生態系を研究することは、将来の外来種との取り組みに多くの情報をもたらすことだろう。

10

エンドウ豆の交配

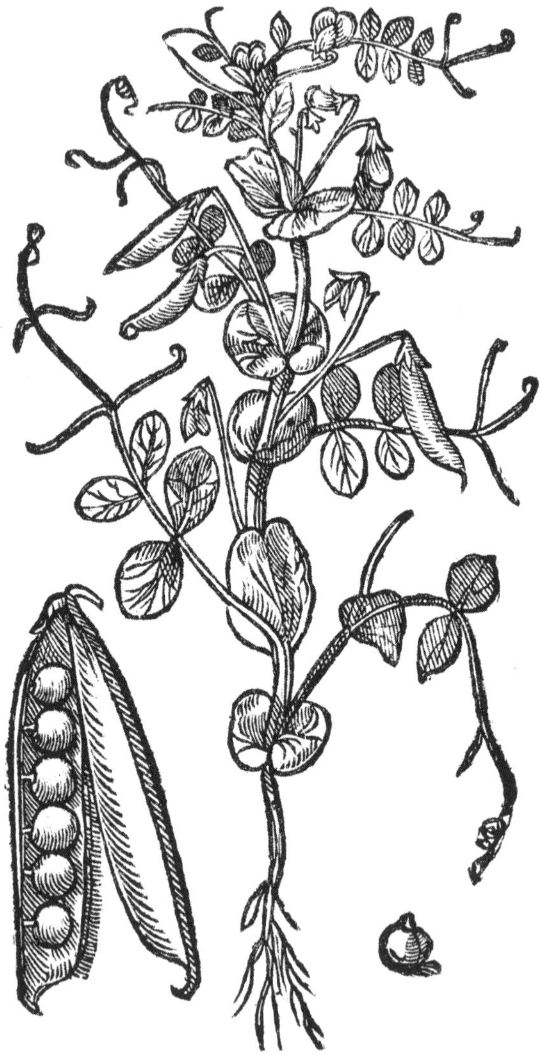

1633年、ジョン・ジェラルドの
Herbal or General Historie of plants に掲載されたエンドウ豆。

グレゴール・メンデルは、科学の世界でいまだに十分な評価を得ていない科学者のひとりかもしれない。多才だったメンデルは庭師から始め、勉強して教師になり、一方で聖アウグスティヌス会の修道院で研鑽を積んで、天文学から気象学の分野で活躍した。しかし彼の本職は植物学者であり、今日、修道院の庭で行ったエンドウ豆の実験から遺伝に関する、自然の基本的法則を発見したことで有名である。彼の先駆的な仕事は、現代の遺伝学の発展に大きく貢献したが、幸運な結果により、メンデルの名は不滅になった。

メンデルにはお金と時間がなく、自由な科学的思考と科学者としての実績を上げることができず、苦労していた。教師として生計を立てようとしたものの、最初は試験に合格することすらできなかった。彼の最も重要な植物学に関する論文は無名の雑誌に仕舞い込まれ、注目されることもなく、発表から35年間にたった3回しか引用されなかった。ダーウィンは、その論文の存在すら知らなかった。しかしいったんメンデルの概念が脚光を浴びると、すさまじい議論が巻き起こった。彼の発見が再現され、認められると、パンの製造から病気の制御まで、あらゆる分野において不可欠な技術となり、無名の科学者が、一夜にして現代遺伝学の父となったのである。

多くの偶像化された人物たちと同じく、今日知られているメンデル像は、実際と神話が混同されている。我々は、無名で高等教育のないオーストリア人修道士が、修道院の庭で夕刻の鐘が礼拝を知らせるまで、エンドウ豆と向き合っている姿を想像する。このイメージはある意味では正しいが、メンデルはオーストリア人ではなく、修道士でもなく、グレゴールと呼ばれたことも決してありはしなかった。

ヨハン・メンデルは1822年、現在のチェコ共和国、当時はオーストリア帝国の一部のドイツ人家庭に生まれた。農場で育ち、若い時には、庭師・養蜂家として働いた。当時の思想家、著述家の多くと同様に、幼少期には体が弱く、学校を休みがちで、1年間休学したこともあったが、1840年にはオロモウツ大学に入学した。鬱病に侵されたものの、数学と物理学が優秀で、3年後に卒業している。

19世紀には、科学と宗教の間に有意義な緊張感があり、当時の指導的人物は、両方の集会に出席していた。ダーウィンもイングランドの教会で聖職者の訓練を受けていた。メンデルの信仰についてはほとんど証拠がないが、啓蒙的で前向きな協調性が、彼の科学的な個性からうかがえる。メンデルの物理学の教師フリードリッヒ・フランツは聖アウグスティヌスで経歴を積むことを薦め、メンデルは聖トーマス修道院にグレゴールの名で入った。修道士（*monk*）ではなく、托鉢士（*friar*）として、修道院の中ではなく地域共同体で生活し働き、その結果、高等学校の教員として推挙された。しかし、彼は、教員免許取得のために必要な、最後の口頭試問に落第してしまう。1851年、修道院長のC.F.ナップは、メンデルをウイーン大学に送り、クリスチャン・ドップラー（救急車のサイレン音が、通り過ぎる前と後で変化する、ドップラー効果と、銀河の大きさを発見）の元で物理学を学ばせた。2年後、聖トーマス修道院に復帰し、物理学の教師を目指したが、再び試験に失敗した。この度重なる口答試験の失敗から、この優秀な科学者が会話に問題を抱えていたことが想像される。多くの困難ののち、1867年、メンデルは中学校に教職を得て、最終的にはナップの後を継いで、修道院長になった。

メンデルの初期の経歴からは、ひとりの科学者の名前が有名になるには、同時期に同様の考えをもった開拓者の存在が必要であることを示している。ヨハン・カール・ネスラーは、メンデルの通うオロモウツ大学の自然史と農学部の責任者だったが、メンデルが入学してきた時には、動植物の遺伝に関する一連の研究に没頭していた。メンデルは、肉体や習性がいかにして伝えられるかに興味をもち、日々の讃美歌の歌詞のよ

ジョセフ・フッカーの知人で、自然主義宣教師のウイリアム・コレンソは、6,000種におよぶニュージーランドの植物をキューの標本室にもたらした。また、マオリ族の顔面刺青を模した瓢箪容器などの民芸品も、キューの実用植物博物館に送っていた。

コレンソから送られた、ニュージーランド亜麻（*Phormium tenax*）。マオリ族の間では、ハラケケとして知られ、布地や籠の作成に用いられる、経済的に重要な植物。

ウイリアム・フッカーがキューの園長だった時代、息子のジョセフ・フッカーは、最初は南極、後にインドへと遠征した。その知見を掲載した *Flora Antarctica* と *Illustrations of Himalayan Plants* は、両方とも植物画家のW.H. フィッチのイラストで飾られ、両者は長く協力しあった。

Magnolia hodgsonii（以前は *Talauma* と呼ばれた）、ジョセフ・フッカーの *Illustrations of Himalayan Plants*（左頁）より。オークランドおよびキャンベル諸島の *Anisotome latifolia*、*Flora Antarctica* 第1巻より。

プロイセンの自然学者アレキサンダー・フォン・フンボルトは、南アメリカで5年間（1799 ～ 1804 年）を過ごし、高度とともに変化する気温を記録し、植物の分布範囲を示す、最初の地図を作成。

1837 年、英国領ギアナの内陸部を探検中、ロバート・ショーンバーグは、ベルビス河で華麗な花を付けた巨大な浮葉に遭遇。それは、イギリスの植物学者ジョン・リンドレイに送られ *Victoria regia*、後に *Victoria amazonica* と命名された、巨大なアマゾンの睡蓮。

W.H. フィッチの有名な植物画、アマゾン産睡蓮。その巨大な葉の裏側は、中心から放射状に支柱が延び、さらに枝分かれした葉脈が、重さを支える強度を与えている。ジョセフ・パクストンはこの構造を応用して、植物用温室を設計し、1851 年の万国博覧会で水晶宮を建設した。

この睡蓮は、自然界では甲虫類に受粉を託す。開花した夜は白色、再度花を開く二日目はピンク色を呈する。

蘭のマニア：1787 年、キューの植物学者が、熱帯蘭 *Prosthechea cochleata*、すなわちエビデンドルム（左）の開花に初めて成功。その直後から、イギリス各地の植物愛好家が、この神秘的な植物の栽培に熱中。ブラジル原産の *Cattleya labiata*（下）は、蘭収集熱を加速させた。

Cattleya skinneri（現在の *Guarianthe skinneri*）のイラスト、園芸家で庭園設計者のジェームス・ベイトマン著、重く豪華な学術書「The Orchidaceae of Mexico and Guatemala」より。

ベイトマンがチャールズ・ダーウィンに送った、蜜腺が 30 センチメートルもあるアングレカム・セスキペダレ *Angraecum sesquipedale* の標本。ダーウィンは、この蘭の長い蜜腺は、同じく長い舌をもった蛾によって受粉されると推測。実際に蘭の受粉を行う蛾の姿が確認されたのは 1992 年だった。

グレゴール・メンデルは、花、種子、豆の色など、エンドウ豆の特性を観察した。その植物の交配に関する報告は、親の形質が子孫に遺伝する法則の解明に大きく貢献した。

アリスター・クラークが、初期の遺伝子工学者と植物交配の知識を基に、猛暑と乾燥で有名なオーストラリアの夏に耐えるバラの原種として用いた、ロサギアンティア *Rosa gigantea*。

うに「世代と世代」、世代から次の世代への継承を研究した。ネスラーやフランツだけがメンデルの指導者だったわけではなく、聖トーマスの多くの仲間が彼の研究を応援していた。

修道院に戻ると、メンデルは蜜蜂と二十日鼠を用いた研究を始めたが、いずれの研究も、異なった理由で困難を伴った。交雑種の蜜蜂は、質が悪く、駆除せざるを得なかったし、司教はネズミ類の性生活に関する研究に反対した。そこで、メンデルは研究対象をエンドウ豆にした。

メンデルは、植物の高さ、豆の色や表面の凹凸など、種々の特性を観察した。別々の個体を交配させ、どの形質が、どのように継承されるかを、注意深く記録した。たとえば黄色い豆と緑の豆を作る個体を交配させ、この実験をいくども繰り返し、偶然性を排除した。第一世代の交配種が開花し、結実すると、その豆は黄色であった。やがて、エンドウには3種のタイプが存在するとの結論に達した。すなわち、純血の黄色、純血の緑、雑種（交配種）で豆は黄色、ただし、次の代では緑の豆を作る可能性があるものである。メンデルは「優性」と「劣性」の概念を用いて、親の形質が子供に遺伝することを説明した。植物は、親の世代からひとつずつの形質、両親あわせて二つを受け継ぐ。ひとつが「優性」で、もうひとつが「劣性」であった場合、たとえば花弁の色のように「優性」な形質が表れる。この発見を1866年に論文として発表したが、遺伝の法則を確立したこの論文名は、「植物の交配に関する実験」であった。

表面的にメンデルの実験は、植物育成者が何十年も前から行っていたことに見えるが、交配を繰り返す内に、交配種は先祖帰りしてしまう。しかし、メンデルはこの問題に系統的に取り組んだ。メンデルの実験によって、交配を制御する数学的法則が確立されたが、なぜ、そのような現象が起こるかは不明であった。メンデルは何が起こるかは知っていても、その原因はわからなかったのである。

メンデルは修道院長の地位に就くと、科学の仕事はほぼ切り上げて、管理と論争処理に時間を費やした。彼は、修道院の納税問題について、

チェコ共和国、ブルノの聖トーマス修道院図書室の蔵書。
メンデル博物館にて。

地元政府との間で見苦しい争議に巻き込まれていた。彼の死後、その後継者は紛争を終わらせるべく、メンデルの残した管理関係書類を、科学関係書類とともに焼却してしまった。

メンデルが、人知れず死んだと考えるのは間違いである。修道院長として名士であったし、若きチェコの愛国者で作曲家のレオス・ヤナーチェクは、彼の葬儀でオルガンを演奏している。メンデルの科学論文も、遺伝学に関するもの以外にもよく知られていた。彼は 1865 年に、オーストリア気象協会を設立しており、その論文の大半は気象学に関するものである。メンデルの黄色と緑色のエンドウ豆に関する報告は注目されることがなかったが、彼の死から 16 年後、論文発表から 34 年後の 1900 年春と夏、3 名の植物学者から別々に、ドイツ植物学会の会報誌に発表された。ヒューゴ・デ・ブリース、カール・コレンス、エーリッヒ・フォン・チャーマックの3名は、それぞれ別々に、数十年前にメンデルが発見した遺伝の法則を再発見したのである。1866年のメンデルの原著論文は多くの注目を集めることはなかったが、3名の再評価が大きな反響を呼んだ。今日、これらの植物学者は、メンデルの法則の再発見だけでなく、「遺伝学」と新しい学問領域の創造者として評価されている。遺伝子の時代が到来したのである。

この時代に生物学は進歩し、メンデルの論文を高く評価するようになっていた。メンデルは遺伝の結果について発見したものの、その理由は不明のままであった。20世紀初めの数十年に、細胞と染色体（細胞内に存在する器官のひとつで、「遺伝子」すなわち遺伝情報を運搬する）の解明が大きく進み、メンデルの考えに自然法則上の現実性を与えるまでになった。

この時点で多くの科学者は、両親の形質が合わさって子孫に伝わる「融合遺伝」の考え方に賛同していた。しかし、ダーウィンの進化論によれば、自然淘汰が機能するには変質が必要になってくる。また通常ではない、新しい適応が存在しなければ、世界の個体群は維持されない。改革を受け入れなければ、新しく、有益な適応は効力を失い、大きな母集団の平均的な形質が次世代に受け継がれ、新たな品種や種への進化は生じなくなり、ダーウィンは間違っていたことになる。進化には異なった形の遺伝が必要なのである。これを粒子遺伝説と呼んでいる。

デ・ブリース、コレンス、フォン・チャーマックにとって、メンデルの結果は複数の事実を証明していた。第一に、雄、雌両方の親の形質が等しく子孫に伝わることを証明していた。この注目すべき事実は、現在では当然のことだが、これ以前には証明されていなかった。第二に、彼らはいかにして親の形質が子に伝わるか、を明らかにした。

メンデルの仕事は、ダーウィンとデ・ブリースとの間に存在した難問に解決を与えた。すなわち、新しい進化の形質が、特定の個体にのみ表れ、他の圧倒的多数の平均的個体には出現しないのか？　という問題である。それは交配遺伝ではなく「粒子」による形質遺伝と考えられた。

優性遺伝と劣性遺伝の概念は単純明快で優れた科学的理論だったが、不明瞭な点もあった。それは、増加する個体群をいかにして養うかではなく、いかに優れた遺伝的形質を選択するか？　という問題である。

ヒューゴ・デ・ブリースは、遺伝子科学の世界に貢献した学者で、ダーウィンと面識があり、彼を敬愛していた。彼のただ１回のイングランドへの旅行で（キューも訪れ、ジョセフ・フッカーと不愉快な夕食を共にしている）、その１日をこの年長の科学者と過ごし、お互いの興味分野について語り合った。以下は、デ・ブリースによるダーウィン評である。

> ダーウィンは、その肖像画よりも深く落ち着いた目と、非常に濃い眉毛をしていた。背が高く細身で、痩せた手をしていた。彼は、杖を突いてゆっくりと歩き、時々立ち止まる必要があった。隙間風を極度に嫌い、健康には非常に気を付けていた。その言葉は元気で、愉快で誠実であり、速過ぎもなく、あけすけでもなかった。好意的で誠実な人柄であることがすぐに理解できた点で、フッカーやダイアーとはまったく異なっていた。彼らは冷淡で私の好みではなかった。しかし私は、ダーウィンの訪問を楽しみ、最後の数日は非常に幸福だった。自分に興味を示し、自分の発見を好意的に認めてくれる人の存在ほど素晴らしいものはない。

その後のデ・ブリースの仕事は、ダーウィンがやり残した学説とメンデルの大局的研究の橋渡しをすることになった。もうひとりの卓越したメンデルの擁護者は、優れた生物学者ウイリアム・ベイテソンで、彼はロンドンの王立園芸協会における講演に向かう途中で、メンデルの論文を静かに読んだ。即座に彼自身の考え方との共時性に気付き、驚いてその場で講演内容を変更した。さらに1900年５月８日の旅行中には、デ・ブリースの論文を読み、メンデルの仕事を継承している確信を得た。

ベイテソンにとって、メンデルの仕事は遺伝と環境に関する議論に結

ローランド・ビッフェン、
小麦遺伝学の開拓者、1926 年。

論を与えるものであった。形質の変化は、ダーウィンが提唱するような緩やかな変化ではなく、ある世代とその次の世代との間で突然、飛躍的に生じる（いわゆる不連続的変化）と考えていた。メンデルの法則では、明確に、ある性質の有無が示され……緑か黄か、丸か歪みか……これはベイテソンの不連続的変化の考えと一致していた。人生は、いまだに運次第だったが、そのゲームの規則は確かな科学になったのである。

ベイテソンは、メンデルの法則の最も強力な援護者で、彼の聴衆は常に魅了された。彼は車中での「ひらめき」が示すように、卓越した伝達者であり、自然論者であった。植物の育種家も、即座にベイテソンの説に可能性を感じ、作物の最良の形質を世代を超えて継承させるのは、運ではなく、科学の法則であり、メンデルの法則は強力な道具として、収穫量を最大にして、利益が得られるものと考えた。

ベイテソンが、講演会で彼の学説を広めている時、ケンブリッジ大学農業植物学の初代教授ローランド・ビッフェンは、実地試験を始めていた。ビッフェンは、イギリスの農民が新しく強い小麦の品種を手にすることができれば、アメリカやカナダからの「穀物の侵略」に対抗できると信じていた。小麦の病気に対する耐性を調べる中で、病気の分布と、それに対する耐性が、古典的なメンデルの遺伝法則に忠実に従っていることを見出した。彼は、アメリカ種の小麦の強靭さを、イギリスの小麦に転移させることが可能であると確信した。ビッフェンは、世界中から小麦と大麦の品種を集め、交雑育種の実験を始めることにした。その結果は成功で、穀物は病気に対して強くなり、パンの生産はより効率的で、収益性が上がり、信頼性も向上した。

交雑育種は、今日においても、庭師、産業界、農民、政治家などにとって、強力な手段である。それは塩害に対する耐性、病気に対する耐性、開花時期の制御、果樹の収穫量の改善など、すべての分野の問題を改善する。ここに、ひとつの例がある。オーストラリアのような過酷な気候のもとでバラを栽培するにはどうしたら良いか？　である。アリスター・クラークは、猛暑と乾燥で有名なオーストラリアの夏に耐えるバラを作り出した。キューの園芸部長リチャード・バーレイは、地球の反対側に居た少年期に、クラークの努力を知り、次のように述べている。

「彼は、*Rosa gigantea*（ロサ ギガンティア）のようなバラを目指して、20～30種の素晴らしいバラを交配によって作り出し、そのすべてに、たとえば「Marjory《マージョリ》 Palmer《パーマー》」といった友人の妻の名を付けた。そのひとつを郵便受けの隣で育てていたが、怪獣のような鋭いトゲをもっている」

遺伝子工学は、植物を（後に動物も）制御し、巧みに操り、時に新種を生み出すことを可能にした。植物学は植物科学になり、交配によって形成される新しい遺伝的形質は、遺伝子操作と呼ばれ、実験室での操作に引き継がれている。この過程は、現在でも大きな目標と課題を有している。我々は、自然淘汰による、緩慢で確実な排除機能を操作することで、何らかの危険を生じているのだろうか？　あるいは、自然の変化を助長しているだけなのだろうか？「遺伝子の世紀」はまさに、その挑戦を行っているのである。

II

光に向かって

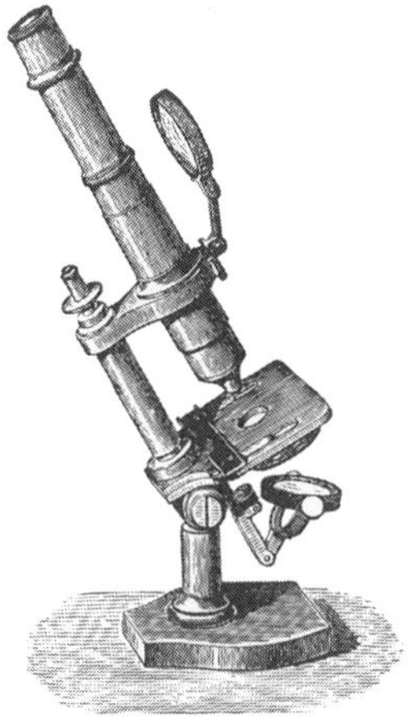

カバノキの葉。

なぜ、木は上へと向かって伸びるのか？

非常に高く成長する木もある。キューガーデンの片隅には、世界最大といわれる堆肥の山の近くに、目のくらむ、ただし壮観な、樹冠に沿った歩道がある。錆びて秋の紅色に変色するように設計された、鋼鉄製の支柱と金属製の巨大な蜘蛛の巣状の構造物に登ると、キューの中でも特に素晴らしい、胡桃、菩提樹、樫など木々の樹冠に到達することができる。

これらの木々は生育中である。葉を広げ、地球上生命すべての力の源である太陽の光を、直接受け止めている。しかし、太陽の光を受け止める仕組みが、科学者によって解明されたのは比較的最近のことであり、何が木々を育て、それはなぜ緑なのかということの解明であった。

鍵となるのはクロロフィルとして知られる生体分子で、光から植物にエネルギーを吸収させる（一方で、植物はクロロフィルの緑色を呈する）。クロロフィルの名前は1810年頃、ギリシア語の*chloros*《クロロス》「淡い緑」の意味をもつ*phyllon*《フュッロン》「葉」から付けられた。約100年後の1915年、リチャード・ヴィルシュテッターは、クロロフィルの働きと、それが何かを解明した功績で、植物学では唯一のノーベル賞を受賞した。

植物は、上と下から栄養を得ている。栄養素と水は、根を介して地中から得ている。植物は、水と空気中から吸収した二酸化炭素と、太陽光のエネルギーを用いてブドウ糖とデンプンを合成し、余分な副産物である酸素を大気中に放出しており、この過程を光合成と呼んでいる。

単純ながらも非常に重大な過程で、地球上の生命の環をつなぐ基本的な歯車である。この謎が解けたことで、広汎な科学分野の疑問点が、接点を得てつながった。そこには、我々を取り巻く空気が何からできているのか、植物はどうして自分自身を養うことができるのか、そして究極的に人類を含む、植物以外のすべての生命がいかにして維持されるのか、などが含まれていた。この解明は、20世紀の植物化学の基礎となった。

古代ギリシア人は、植物が土から栄養物を吸い上げることを知っていた。他の多くの考えと同様に、この説はルネサンス期のヨーロッパで、再び取り上げられた。17世紀のジョン・レイは、植物がいかにして重力に逆らって水を吸い上げるかについて自問し、毛細効果の基本説へ至った。もうひとりの自然主義者ステファン・ホールス（本職はテディングトンの牧師で、余暇に植物学の研究を行う）は、植物の樹液とは動物の血液に相当すると考え、その実験を企画した。素晴らしいことに、ホールスは植物の水利用についても興味を深め、植物の葉からの水分蒸発量を測定するに至った。この実験は、植物の体内における、栄養素吸収のメカニズムを解明するきっかけとなった。

ここで、主役であるジョセフ・プリーストリーの登場場面となる。

プリーストリーは、思想家、空想家として、イギリス人特有の好例である。少年期には、種々の宗教思想に熱中し、政治的には革新的、啓蒙的哲学に、奇抜さと博学を備えていた。彼の著作には、英文法、電気、功利的哲学および非国教徒的神学論が含まれている。彼はフランス革命を支持して、暴徒に自宅を焼かれ、ペンシルベニアの田舎に逃れ、そこで自由な新しい神と真実に身を捧げる協会を設立した。

これまで見てきたように、歴史上の科学の先導者はその多くが聖職者であった。プリーストリーは、非国教派（イギリス聖公会に属さない）の聖職者で、15歳の時に重病を患い、その後遺症で生涯、吃音《きつおん》が残ってしまった。やがて自然界と聖書の合理的分析を探求するようになった。同居していた叔母は、常に彼が聖職者になることを望んでいた（彼は、107問の教理問答を4歳ですべて暗唱してみせた）。しかし、彼の病気が正規教育を中断させ、その結果、哲学、形而上学、フランス語、イタリア語、ドイツ語、カルディア語、シリア語、アラビア語などの学習と読書に没頭す

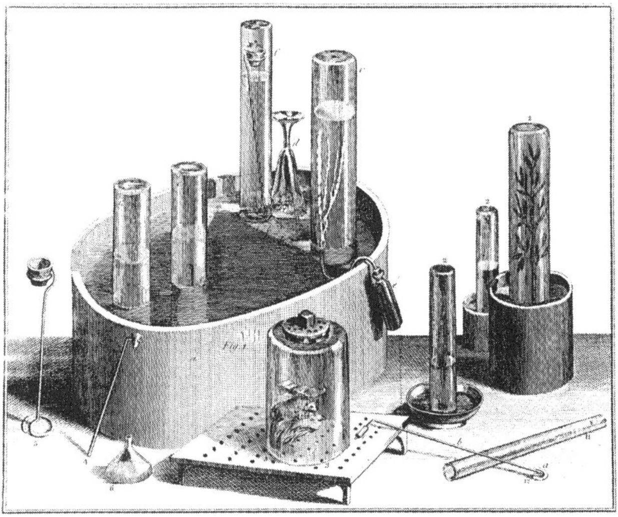

ジョセフ・プリーストリーの「異なった気体に関する実験と観察」から、
その実験器具類。

るようになった。

植物科学におけるプリーストリー原理の貢献は、我々を取り巻く大気は、異なった「空気」から構成されているというものである。彼は、異なった気体ではなく、同じ気体が異なった状態で存在すると理解したが、この考えは、異なった状態がいつどのように存在し、相互作用するかを解明するための多くの実験を行うきっかけになり、植物の化学と生物学に重要な示唆を与えた。

彼の分類体系は、異なった種類の気体、特に有名なのは「燃焼性気体」後の酸素の存在を報告するに至ったことである。彼は、この気体が二十日鼠のような動物の呼吸を可能にするが、炎などによって「傷害」されると、呼吸ができなくなることを示した。彼はまた、「傷害」された気体が、植物の葉（この場合、ミント）の存在によって、再生されることも示した。

他の例と同様に、彼の研究は他の科学者によって継続され発展した。フランス人のアントイン・ラボイジアーは、プリーストリーの「不燃焼性気体」が、空気から何かが失われたものではないことを実証し、「酸素」と名付けた元素の分離に成功し、化学の発展に革命的な貢献を行った。オランダ、ブレダのジャン・インゲンハウスは、植物と空気の関係を詳細に検討し、著書「植物に関する実験」の中で、植物が呼吸をし、それは緑の植物が昼間のみ行うという観察結果を示した。最後には、スイスの化学者ニコラス・テオドール・デ・ソーサーが、すべての詳細な測定を行った。

ここに「なぜ植物は上に成長するのか」という問いに対して、明快で再現性のある証拠が提示されたのである。

顕微鏡の開発と細胞構造の解明が進んだことで、ユリウス・フォン・ザックスなど 19 世紀の実験科学者が、植物の内部構造をより詳細に検討できるようになった。ザックスは、細胞内に緑色の組織を発見し、葉緑体と名付けた。葉緑体の色素である葉緑素は 1817 年に初めて単離されている。1862 年、ザックスは、細胞内での小さなデンプン粒の産生に葉緑素が関与していることと、それが植物の食糧になっていることを示した。これら粒状物質は、生存に不可欠であり、また他の場所では生産されないこともやがて明らかになった。この過程の重要性は、植物がどこから、どのように水と気体を得て、どこで何に用いるかという問題と呼応して、認識された。

ザックスの講義用出版物である「植物学教科書 : 形態と生理」は、1875 年に原書のドイツ語から英語に、キューガーデンの副部長補であったウイリアム・ティスルトン・ダイアーによって翻訳された。そこには、学生が必ず学ぶ有名な式が、掲載されていた。

二酸化炭素 ＋ 水（＋ 光エネルギー）＝ ブドウ糖 ＋ 酸素

20 年後の 1897 年、大西洋の対岸、アメリカの二人の植物学者チャールス・バーンスとコーンウエイ・マックミランが、この過程を、光合成と

アリゾナのサグワロサボテンのように、とても乾燥した環境で生育している植物は、夜中に二酸化炭素を吸収している。

名付けた。

20世紀の科学は、その新しい技術をこの課題の解明に用いた。ロビン・ヒルはその初期の血中ヘモグロビンに関する研究で、植物の色素を原子と電子のレベルで参照している。メルヴィン・カルヴィンは、光源が断たれた時に、植物は光由来のエネルギーをどのように蓄え、使用するかについて検討し、植物が必須要素やセルロース、アミノ酸などの複雑な分子を合成する手段として「カルヴィン・ベンサム回路」を見出した。

その後の研究によって、植物は、異なった環境下では、異なった光合成経路を用いることが明らかになった。植物の大半は、「C3」経路を用いているが、サバンナのような高温で乾燥した環境下では、「C4」回路、すなわちベンケイソウ型有機酸代謝（CAM）経路を選択している。

「C4」とは、光合成による最初の産物が、通常の炭素原子3個ではなく、4個で構成されることを意味し、二酸化炭素と、より重要な水を効率的に使用することで、暑く乾燥した環境下で、植物にとって有利な経路を提供する。準乾燥地から準湿地に生息するサバンナの植物の多くが、C4経路をもち、トウモロコシやサトウキビなど、重要な作物もこの経路を用いている。

パイナップルは、特に乾燥した場所に生育するサボテン等と同様に、CAM経路を利用する。CAM型植物は、二酸化炭素の吸収を夜間に行う。これは、極端に高温で乾燥した地域では、夜の涼しい気温状態で気孔を開いて呼吸する方が、水分の消失を少なくできるからで、日中は葉の気孔は閉じている。

夜間に取り入れた二酸化炭素は、炭素原子4個の有機化合物に変換される。この炭素4原子から構成される分子は、植物細胞内に蓄積され、光合成の原料として使用される。太陽光が射すと、これらの蓄積された分子は二酸化炭素を放出し、葉緑素の存在する葉緑体に吸収される。したがって、これらCAM経路を用いる植物では、二酸化炭素の吸収と、太陽光の吸収は、他の植物のように同時には行われない。

このことは、CAM 型植物では、二酸化炭素を吸収し、中間分子に変換する方法を獲得し、それを光エネルギーによって栄養物質に変換していることを示している。

歴史の必然として、科学者たちは持論を携えて、科学的な考察や実験を重ねながら、何代にもわたって苦悩している。時に協力し、しばしば競争し、その結果、光合成が、地球上のすべての生命が、同一の規範の中で、その存在を保っているかを解明した。植物は日々、地球上の大気を解毒し、乾燥・浄化して常に酸素を供給している。キューの樹冠に沿った歩道を散策することで、その場面を実感することであろう。

12

複数の遺伝子

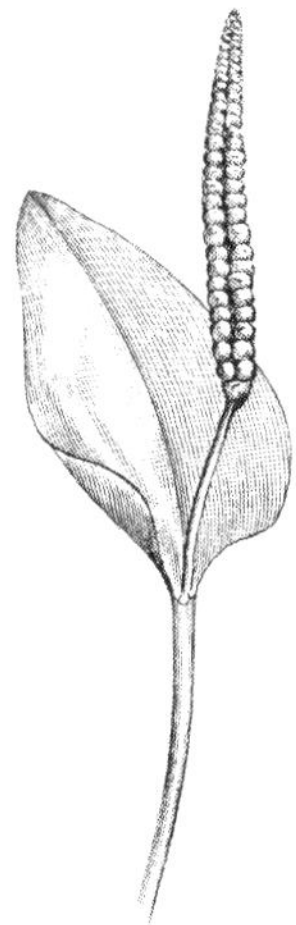

多倍数体の植物、バナナ。
その果実は、チャールズ・ダーウィンが味わった。

ジョセフ・フッカーは、キューの温室から、チャールズ・ダーウィン宛てに、一度バナナを送っている。「貴方は、私の精神のみならず、食欲も喜ばしてくれる」というダーウィンからの返答で、「バナナに関しては、とにかく美味しい、このようなものは見たことがない」とある。ジム・エンダースバイは、ダーウィンの喜びの文面に、「ダーウィンの主治医は、彼に糖類の摂取を禁じていた」、したがってバナナの贈答は「甘党仲間」からの到来として、ダーウィンに二重の喜びを与えたと述べている。

当時、バナナは外来の希少品であった。その蜜の匂いに対する要求に促されて、園芸家はバナナの栽培を始めたが、挿し木、すなわち基本的にはクローニングによってしか増殖ができないことを知った。このことは、増殖した植物はすべて遺伝的に同一で、害虫や病気に対して脆弱性を保有していることを意味している。そこで、このように大規模な栽培植物を維持する方法と、生存上の危険性は何か、を理解することが求められた。

折りしも、世界中で最も人気のある果実バナナから、数百万年も繁栄してきた鍵となる方法が解明された。それは、倍数体という奇妙な発生方法であった。しかしこの方法は、小麦、綿、ジャガイモ、サトウキビなどの基幹作物の栽培と保護に、応用できることが明らかになった。

倍数体という言葉は、「多数の型」を意味し、植物が複数の染色体（DNA から構成され、遺伝情報——遺伝子を運ぶ）を細胞内に獲得する現象のことである。この現象は、繁殖過程において特別に有益な生殖工程である。特に、通常、植物の生殖細胞 - 卵子と花粉 - は、生殖過程で減数分裂を行い、これによって、各細胞内の染色体の数は二つ（二倍体）からひとつ（一倍体）に半減する。これらの細胞が、受精によって、融合すると、親と同じ染色体数を維持した新しい個体が誕生する——要するに1+1=2の関係である。

倍数体は、これとは違った工程を行い、植物が染色体1個の生殖細胞を作るのに対し、時に染色体が2個の細胞が、減数分裂の間違いから生じる。この二倍体の細胞が、通常の一倍体の細胞と結合すると、染色体数が2ではなく、3個の染色体（2+1）を有する三倍体の細胞が作られる。このような例としては、リンゴの品種をはじめ、世界的な商業作物であるバナナが含まれている。

同様に、植物の生殖細胞の両方が倍数体だった場合、単純な計算によって、2+2の新しい品種が誕生し、その細胞は4組の染色体をもつ四倍体となる。四倍体の染色体をもつ植物は、二倍体の細胞と融合し、六倍体の細胞を作り出す。パン用の小麦はその一例で、六倍体小麦と呼ばれている。ある種のイチゴは、10倍体で10個の染色体を有している。

開花植物における、染色体の倍数性の記録は、メキシコのベンケイソウ（*Sedum*）で、すべての細胞が、8対の染色体を有し、ハナヤスリ科のシダ（*Ophioglossum*）が、植物界での最高記録の96個の染色体を有していた。「植物は倍数体によって大きく変質する」とキューの植物遺伝学者イリア・レイチは述べている。「基本的に二倍体の哺乳類とは異なるのです」

哺乳類は幸福というべきかもしれない。三倍体の植物は、有性繁殖することができない（無性的にクローン増殖を行う）。他の染色体数が奇数の植物も同様である。これは、染色体数が奇数の場合、減数分裂時に二分して生殖細胞を作ることができないからである。したがって、現代のバナナの皮を剥いても内部に種子を見つけることはできないが、数千年前のバナナの原種には種子を見つけることができる。この点が、栽培者がバナナや他の三倍体植物を、無性的に接ぎ木で増やす理由である。

しかし、多倍数体は無菌的に作られた雑種が直面する、不妊性を解決する手段にもなる。仮に、もうひとつの多倍数体と結合して染色体数が倍になれば、偶数の染色体（たとえば3+3=6）を得ることになり、この新しい雑種は、通常の減数分裂によって有性生殖が可能になる。多倍数体の、不妊から交配可能な雑種を作るこの能力は、トウモロコシなどの主要作物には欠かせない機能になっている。

フランケンシュタインよりも、生命は自然の片隅にまで入り込み適合している。多倍数体から生まれた植物は、植物学者の間に広く行き渡り、革新を引き起こす切り札と考えられている。キューの科学者は、多倍数体を利用して、植物の成長速度、果実の大きさ、高さ、土壌耐性、乾燥、害虫、病気への抵抗性などを改良する方法を分析、検討している。

多倍数体への関心の高まりは1890年に始まった。オランダの植物生物学者でメンデルの支持者だったヒューゴ・デ・ヴリースは、*Oenothera lamarckiana*（オオマツヨイグサの一種）に興味ある集団を見出した。それらは、庭先から抜け出し、オランダのヒルヴェルスム近郊のジャガイモ畑に繁茂していたが、個体の大きさに大きなバラツキがあった。デ・ヴリースによれば、「どんなに遠くからでも、その注目すべき状況」を見逃すはずはないのである。デ・ヴリースにとって、この発見は、チャールズ・ダーウィンの間違いを指摘する根拠となった。進化は、自然淘汰の中で、長い時間をかけて、徐々に進行するとするダーウィン説に対して、デ・ヴリースは短い期間内の大きな変化が、重要な進化を出現させると考えていた。

ヒルヴェルスムの植物から得られた種子を観察すると、親植物とは異なった形質が発現していることが明らかになり、彼は、それを自然突然変異と名付けた。2巻からなる著書「突然変異論（1900-1903）」でこの言葉を、遺伝子学の世界で初めて使用した。

デ・ヴリースが突然変異論の第一巻の出版を準備していた頃、もうひとつの興味深い多倍数体に関する事例がキューで発生した。キューの庭師フランク・ガーレットは、温室のひとつで、実生のサクラソウ雑種に不思議な個体を発見した。この新しい植物は、ヒマラヤ原産の *Primula floribunda* と、非常に気候の異なるアラビア原産の *Primura*

受賞した *Primulas* x *kewensis*

verticilata の間に生まれたもので、キューの人々に驚きをもって迎えられた。そして発現場所に由来して *Primulas* x *kewensis* と命名されたこの素晴らしい花は、1900 年の王立園芸協会総会において、一等賞を受賞した。

しかし、この最初の植物は実を結ばなかった。そこで、ガーレットとその仲間は、親に当たる種の交配に心血を注いだ。1905 年、ひとつの植物が、奇跡的に受精能力のある花を咲かせ、その種子から、キューで大きなサクラソウが作られた。この不妊種からの不思議な種子の登場は、サクラソウの交配可能種と不妊種の染色体数を測定していた、植物学者レッチス・ディグビーの関心を引くことになる。彼女の結論は、交配受精可能な個体の受精能力獲得は、多倍数体の重複による染色体数の偶数化によるものであった。

その後の研究で、次第に、主要作物の多くが多倍数体であることが明らかになり、その現象に対する研究は促進された。一方で、商業的関心事は科学と一体だったものの、研究の限界は明らかであった。研究者が染色体の数を測定することは容易だったものの、実験室で人工的に多倍数体を操り、その可能性を引き出すことはできなかったからである。それは、多倍数体の見果てぬ夢であった。

革新は 1930 年代に登場する。アメリカの研究者アルバート・フランシスブラックスリーとエイモス・グリアー・アヴェリーは、植物における染色体の複製を促進する化学物質、コルヒチンを単離した。この物質は秋のクロッカス（*Colchicum autumnale* イヌサフラン）から得られ、紀元前 1500 年頃、エジプト最古の医薬書「*Ebers*《エーベルス》 *Papyrus*《パピルス》」に、リウマチ症状の治療に用いられた記録がある。

植物細胞内の染色体数を測定する方法は、いまだに多くの研究機関において植物の根を磨り潰し、染色して、顕微鏡下で計測する、時間を要する作業である。

最近、キューの科学者は、倍数体研究に流動細胞光度測定法（フロー・

秋のクロッカス、コルヒチンの原料。
コルヒチンは、植物の染色体倍加を促進する。

サイトメトリー）を導入している。この測定方法では、植物細胞は、液体中の懸濁状態でレーザー光線の照射を受け、数千の細胞の性質が、1分で物理的および化学的に計測される。フロー・サイトメトリーによる分析は、迅速である。この事実は、非常に大規模な分析を多倍数品種に対して行い、異なった種間だけでなく、同じ種に属する個体間の比較も可能になるということである。この種の研究では、5000種以上の植物個体が測定に供され、同一種内においても、膨大な染色体数の変動が明らかとなっている。最近の記録では、ブタクサ（*Senecio*）の仲間で、8種類の異なった多倍数体の存在が明らかになっている。

種々の倍数性は、昆虫による受粉行動にも影響することから、我々はそのような遺伝的多様性の影響を評価し始めたところである、とイリア・レイチは説明している。「最近の分子工学は、多倍数体の進化と根源を探求する上で、強力な技術である。それは現在進行している多倍数体の過程だけでなく、被子植物の歴史において、多倍数体が進化の大きな原動力であったことも明らかにしている」

進化の過程で、多倍数体がどの時点で登場したかを検証すると、すべての被子植物が、およそ2億年前に登場して以来、少なくとも1回は、多倍数体による進化を経験している事実が判明した。その他の多倍数体は、最も多様性に富んだ植物種において早期に活動していた。これらの知見は、多倍数体は植物種の進化の過程で重要な役割を果たしてきたことを示している。興味深いことには、進化の多くが約6,500万年前に生じていることである。それは恐竜を含む、多くの動植物が絶滅したと考えられる時期と一致している。おそらく多倍数体は、通常の二倍体よりも生存能力が優秀だったからだろう。

なぜ、このようなことが起こったのだろうか？　多倍数体に対する我々の理解は、単純に研究の一課題だったのか？　あるいは、実質的な応用ができたのか？「我々は、多くの植物のDNAを精査し、一般的な新生原型を見つけた」とキューのマーク・チェイスは語っている。進化の過程で多倍数体状態にある植物では、特定の遺伝子が、他の「構造」遺伝子（植物個体の外観や機能を司る）を制御し、多くの複製を作る。これらの制御された遺伝子は、「転写因子」と呼ばれ、キューの科学者は、この因子が多倍数体による形質変化を付与すると考えている。「多倍数体では、構造遺伝子を制御する、多くの転写因子が存在するため、転写因子の少ない植物よりも、環境に対して複雑な対応が取れる」とチェイスは続けた。

多倍数体と転写因子に関する知見を応用できるのが、バナナに始まる、作物を病気から保護する方法である。新興国におけるバナナに限らず、より重要な米、小麦、トウモロコシにも応用される。我々は遺伝的に収穫量の少ないバナナが、さらに病気に侵されることに耐えられない。幸いにも多倍数体の理解によって、そのような災害を避けることができる。

事実上、国際的に取引されているバナナは、インドに起源をもつ単一品種のキャベンディッシュである。近年、キャベンディッシュは、19 世紀にアイルランドのジャガイモを壊滅させた枯れ葉病のように、バナナにとっては致命的な黒シガトーカ病を含む、複数のカビ病に侵されつつある。カリブ海諸国では、このカビだけで耕地の 70% を占めるバナナ園を壊滅させ、75% の雇用がセント・ヴィンセントやグレナディン諸島で失われている。いくつかの島では、バナナの輸出が 80% も落ち込み、なかにはまったく輸出のできない島もある。

キャベンディッシュ種の弱点は、それが三倍体の突然変異種で、有性生殖を犠牲にして収穫量を上げていることである。栽培者が、挿し木によって繁殖させる際に、世代から次世代にカビ病が伝達されることが証明されている。そこで、世界中の研究所がこの多倍数体と交配雑種の知識を動員して、キャベンディッシュ種に代わる、味覚、耐久性、そして病気に対する抵抗性を有する品種改良を行っている。

特に有望なのは、バナナの原産地であるインドで、そこでは今でもバナナの形質変化が進行し、非常に多くの有用な遺伝子が存在している。インド国立バナナ研究センターでは、すでに原種を含む1,000種のバナナを評価し、黒シガトーカ病やその他の病気に耐性の株を調査している。

ダーウィンの主治医は正しく、バナナの摂取は砂糖より優れている。科学者が多倍数体に関する知識を、作物の改良に用いれば、我々はダーウィンと同じように、この栄養豊富で経済的に優れた果実で、食欲と精神の両方を満たし続けることができるであろう。

13

樹皮と甲虫の戦い

オランダエルム病で枯れた、セイヨウハルニレ。
2007 年のスコットランド。

ロンドンのナショナル・ギャラリーには、国民的画家ジョン・コンスタブルが1821年に描いた乾草車が展示されている。長閑な田舎の情景で、荷車がニレの並木に沿った小川を渡る場面である。コンスタブルがこの絵の一部をロンドンのアトリエで描いていた時、彼は、産業革命がもたらす都市化と交通手段が、イギリスの優れた農業生活を永久に変革してしまうことを認識していた。ただしコンスタブルは、人口移動と産業産物が、イギリスの田舎を根本的に変えてしまうことまでは、予想していなかった。

コンスタンブルの絵画は、典型的なイギリスの樹林風景であるが、1970年以降に生まれた者は、それを見ることがもうできない。コンスタンブルの見た田舎の風景は、ハルニレの樹が非常な密度で林立しているものだったからである。植物学者のヘンリー・エルウェスはハルニレについて、次のように述べている。「風景中の樹としてのハルニレの価値は、高所からテムズ川岸からや、ウスターより下流のセヴァーン川岸のあちこちで確認できるだろう。11月の後半、明るい黄金色に色づいたハルニレの木々が列をなして立ち並ぶ姿は、イギリスの最も印象的な場面である」

しかし、エルウェスがこの記述を行った頃、甲虫が媒介するカビによって、ヨーロッパのハルニレはすでに枯死し始めていた。エルウェスが愛し、コンスタブルが描いた、うねるようなハルニレの林は永久に失われてしまったのである。

この病気は1918年までは注目されていなかったが、その時までにベルギーとオランダ全土、北フランスの一部で感染が確立され、イギリスでは1927年に最初に確認された。その原因について多くの議論が巻き起こり、その中には、旱魃《かんばつ》の前兆、第一次世界大戦で使用された毒ガス、細菌感染、ある種の癌腫病などがあった。本当の原因は1919～

1934 年にかけて、オランダの 7 人の女性研究者が行った丹念な研究まで解明されなかった。7 人は、全員がウトレヒト近郊にあるウィリー・コメリン・ショルテン植物病理研究所のメンバーであった。そこは植物の病気の研究ではヨーロッパ屈指の研究所で、特に優秀な女性研究者が大半を占めることでも有名であった。

当時大学院生だったベア・シュワルツが、カビの一種 *Graphium ulmi*（現在の *Ophiostoma ulmi* ニレ立枯病）が樹を枯死させる原因であることを見出したが、その事実を信用する者はほとんどいなかった。彼女の共同研究者だったクリスティン・ブイスマンが、シュワルツの実験を拡大、再現して初めて、シュワルツの実験の正しさが立証された。女性研究者らによって、原因が特定され、その病気には（やや不当ながら）彼らの国籍を表すオランダハルニレ病という名称が与えられた。シュワルツやブイスマンは、荒廃の原因を究明したが、残念ながらその治療法は見出すことができなかった。

1940 年代までにこのカビは、ヨーロッパのハルニレの 10 ～ 40% を枯死させ、全滅も時間の問題といえた。森林委員会の依頼を受けて、イギリス全土で病気の広がりを調査したトム・ピースは、1960 年に（後に信用を失墜するが）「特別な変化が起こらない限り、重大な災害が突然に起こることはない」と書いている。

その変化はすぐに出現した。1960 年代の後半、カビはより病原性の強い *Ophiostoma novoulmi* にとって代わった。このカビは、イギリスにはボート作製用に輸入されたハルニレの木材に付いていた害虫によって持ち込まれていた。2 匹の同種甲虫——ヨーロッパ・ハルニレ樹皮甲虫（*Scolytus multistriatus*）とオオハルニレ樹皮甲虫（*S. scolytus*）が持ち込んだカビは、田園地域を猛スピードで駆け抜け、特にイギリスハルニレ（*Ulmus procera*）を好んでいた。甲虫は、弱り、死にかかったハルニレや、その枯木の樹皮にトンネルを掘り、卵を産んでいく。卵から孵った幼虫は、樹皮と液材を喰い荒らす。その木が、すでにカビに侵されている場合には、

The field, *or common English*, Elm.
Full-grown tree in Kensington Gardens, 65 ft. high ; diam. of the trunk 3 ft., and of the head 48 ft.
[Scale 1 in. to 12 ft.]

イギリスハルニレ。
J.C. ラウンドンの「イギリスの樹木と潅木」1838 年より。

幼虫の掘ったトンネル内に粘着性の胞子を放出していく。幼虫が成虫になると、胞子を伴って健康な木に感染を広げる。10 年間で、イギリスの 3,000 万本のハルニレの木の 3 分の 2 が失われてしまった。

キューの科学植物園の責任者トニー・カークハムは、この病気は木部細胞を介して広がると説明する。木部細胞は、水や栄養素を根からハルニレの上部構造に運ぶ働きをしている。病気の進行を止めるために、個体が木部細胞を閉鎖すると水の供給が停止し、結果的に、個体は自殺に追い込まれる。この過程は急速に進行して死に至っていく。感染が確立してから枯死するのに 1 年程度しかかからない。

カークハムは、1970 年代の後半、オランダハルニレ病がキューガーデンを襲った時のことを回想している。園芸学の学位を目指す学生として講義に出席していた時のこと、最後のハルニレが切り倒されるのを、教室の窓から見ていた。「この病気が出現する以前は、庭園にはハルニレ、樫、ブナがたくさん育っていた」と彼は語っている。「しかし 1 ～ 2 種を残して、すべてのハルニレの樹は失われてしまった。したがってそれ以後、キューの庭園で成長したハルニレの樹を見ることはなくなった。国中からハルニレの樹がなくなり、一夜にして樹木の景観は一変してしまった」

この病気に感染した樹はすぐにわかる。体内の水分補給が途絶えると、葉は萎れ、夏の初めに、黄色から褐色に変色して落葉する。感染した若枝は先端から枯死し、しばしば、湾曲した「羊飼いの杖」状になっていく。感染した若枝の樹皮を剥ぐと、褐色あるいは紫色の縦縞を確認することができる。ハルニレは 15 ～ 20 年を経て成熟し、その間はこの病気に感染することはないが、成長した樹の樹皮にのみ、*Scolytus* 甲虫がその生活環を形成するのである。

興味深いことに、湖沼堆積物中の花粉の化石を分析したところ、約 6,000 年前の北西ヨーロッパにおいて、ハルニレの個体数が激減したことが示された。この年代は、新石器時代の農業が始まった時期とほぼ一致していて、初期の農業の結果、ハルニレが伐採されたのか、あるい

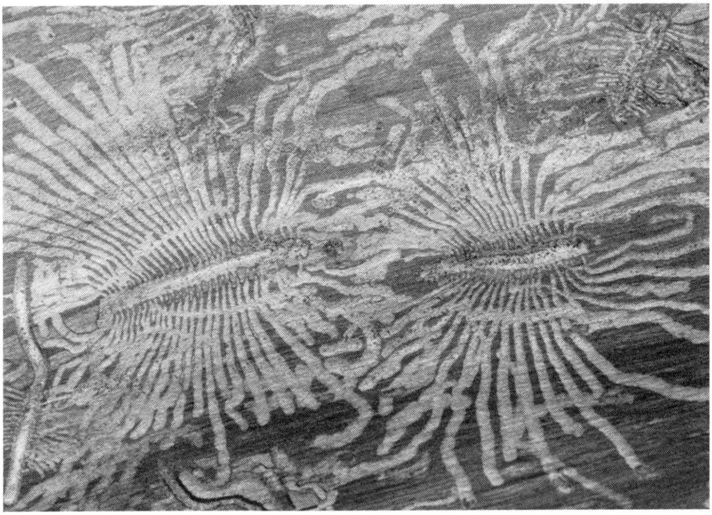

病原カビ *Ophiostoma novo-ulmi* を媒介する、
ハルニレ樹皮甲虫の幼虫が開けた長い部屋。

はオランダハルニレ病の発生によるものか、多くの議論がある。ノーフォーク、ディス・マーで採取された花粉からは、その地域のハルニレの衰退には6年しかかかっていないことが示されている。このような急激な変化は、オランダハルニレ病のような、病気の影響に見られる現象であるが、ノースフォークの堆積物中からはカビの存在を示す証拠は見つかっていない。

しかし、ロンドン、ハムステッドヒースの新石器時代の遺物からは *Scolytus scolytus* 甲虫の痕跡が見つかり、当時のイギリスに病気が存在したことが示唆されている。また、スイスやデンマークの新石器時代遺跡からは、樹に甲虫が開けた特徴的なトンネルの跡も確認されている。したがって、この病気は新しいものではなく、その惨状を観察し記録したのがほんの100年前から、ということだったのである。

1970年代の初めまでは、オランダハルニレ病だけが、イギリスにおける樹を枯らす主な病気であったが、やがて新たな脅威が出現してきた。2012 年、森林委員会の研究機関である、森林研究所の名誉菌学者クライヴ・ブラシアーは、1970 ～ 2012 年の間にイギリスの自然環境と樹木に影響を与えた、新たな病気の発生を報告している。資料上は、1994 年まではオランダハルニレ病だけが、主たる病気として記録されているが、それ以前からハンノキ、松、ブナ、トチノキ、カバノキ、ヒース、カラマツ、イトスギ、ビャクシン、ヨーロッパ栗、トネリコなど、他の種類の樹木においても、病気の発生件数が増加していて、連続的な病気による枯死と考えられた。その多くは *Phytophthora* の仲間（ジャガイモの葉枯れ病を引き起こした、ミズカビの一種）が原因であった。

病気が突然発生する原因は、2 種あると考えられている。ひとつは、気候変動に伴った異常気象、もうひとつは、ヒトおよび植物の境界を越えての移動が容易になったことである。ところで、このような病気の広がりを鎮める、現実的な方法はあるのだろうか？　この問題が重要事項として審議されているが、病気の発生を予防したり、侵入を阻止したりするには手遅れである。「我々の望まない、多くの害虫や病気が、この国への侵入をうかがっている」とカークハムは説明する。「アジアカミキリ、ミカンカミキリ、エメラルドトネリコ穿孔虫《せんこうちゅう》などは、大規模な侵入は確認されていないが、その兆候を捉えることができれば根絶できるであろう。松のギョウレツケムシガは、目前に迫っている。我々は侵入に備え、即座に行動して排除できるよう準備しなければならない。いったん国内への侵入を許すと、その時点で、しばしば手遅れである。予防は治療より効果的である」

種苗所の在庫を介して侵入した最近の病気は、トネリコ立ち枯れ病で、カビの *Hymenoscyphus pseudoalbidus* が原因である。最初の枯死例は 1992 年にポーランドで報告された。その後、ヨーロッパを横断して広がり、イギリスには 2012 年、感染した木が委託貨物としてオランダの種苗商から、バッキンガムシャーの業者に送られたことから侵入し

Fráxinus excélsior.

The taller, *or common,* Ash.

Full-grown tree in Kensington Gardens, 75 ft. high ; diam. of trunk 4 ft. 6 in., of head 48 ft.
[Scale 1 in. to 12 ft.]

カビ *Hymenoscyphus pseudoalbidus* が原因で
トネリコ立ち枯れ病の被害を受けた、ヨーロッパトネリコの木。

てきた。2014 年 5 月の時点で、ノーフォーク、サフォーク、南西ウエールズ、およびイングランドとスコットランドの東海岸で、646 の感染例が報告されている。この病気は、特にヨーロッパトネリコ（*Fraxinus excelsior*）と細葉トネリコ（*Fraxinus angustifolia*）を宿主にしている。通常、致死的で、落葉して、樹冠が立ち枯れていく。

オランダハルニレ病の惨事の記憶から、イギリスの対策委員会が、この問題への対応のために立ち上げられた。委員会は、植物の旅券計画、EU 内での「疫学情報」のより良い共有化など、複数の提案を行い、過去の植物病の状況を把握することで、現在および将来の病気発生に備えた。解決方法の一部は、西サセックスにあるキューの所有地、ウエイクハースト・プレイスのキューのミレニアム紀種子銀行事業計画（MSBP）から提案された。そこの研究者には、トネリコ立ち枯れ病に対する自然耐性をもった木を探し出す指令が出された。彼らはイギリス各地、24 の地域から、遺伝的に異なった種子標本を集めて研究に供した。

MSBP の所長ポール・スミスは、以下のように説明している。

「ヨーロッパ本土のトネリコの中には、自然耐性をもつものの存在が確認されている。その耐性の遺伝的起源を解明しようと、研究を進めているグループがある。耐性の原因遺伝子を特定できれば、多くの種子標本の中から、簡単な方法で、耐性種を見つけることができる。自然耐性を発見できれば、その種子がどこの、どの木由来かがわかる。我々は、その母木から、種子を集め、育てることで、風景の中にトネリコを再導入することができる」

通常、実生で育てられるトネリコと違い、ハルニレは根取りで増やしていくので、遺伝的に同一のクローンが生まれてくる。それが原因となって、オランダハルニレ病が到来した際、ヨーロッパの木が広く影響を受けてしまった。「国中に何マイルにもわたって植わっているハルニレの並木は、すべて同じクローンだったのです」とトニー・カークハムは語っている。

「最初の１本が枯れると、最後の１本まで枯死する。それは速度の問題だけである」

キューには、1905 年に植えられた１本のハルニレがある。コーカサスハルニレ（*Zelkova carpinifolia*）で、オランダハルニレ病に対して耐性を有している。キュー園内のハルニレの多くは、比較的最近植えられたもので、病気に対してある程度の耐性をもっていると考えられている。キューに最初からあったヒマラヤハルニレは、病気で枯れずに生き残ったが、1987 年の台風で倒れてしまった（台風の影響については 18 章参照）。しかし幸運にも、カークハムのチームは、熟枝挿し木からの再生に成功した。彼はまた、中国ハルニレ（*Ulmus parviflora*）、プロットハルニレ（*Ulmus minor sub. Plotii*）、*Ulmus Americana*「プリンストン」などを植えた。残念ながらアジア産のハルニレは、病気にかかりやすいイギリスのハルニレほどには、装飾的ではなかった。

病気に対する抵抗性のあるイギリス原産のハルニレは、育苗商の *Paul King of King* 社が、1980 年代に生き残った４本のハルニレから挿し木で得た苗から、再生される望みがある。*Ulmus glabra*（スコットランドハルニレ）、*U.procera* および *U.carpinifolia*（ヨーロッパハルニレ）の掛け合わせ種などと同様に、これらの若木は現在 20 年を経て、元気に育っている。完全に成熟するかは、まだわからないものの、無事に成長すれば、イギリスの田園地帯にコンスタブルが描いた時代の、ハルニレの林が蘇るのかもしれない。

14

多様性を求めて

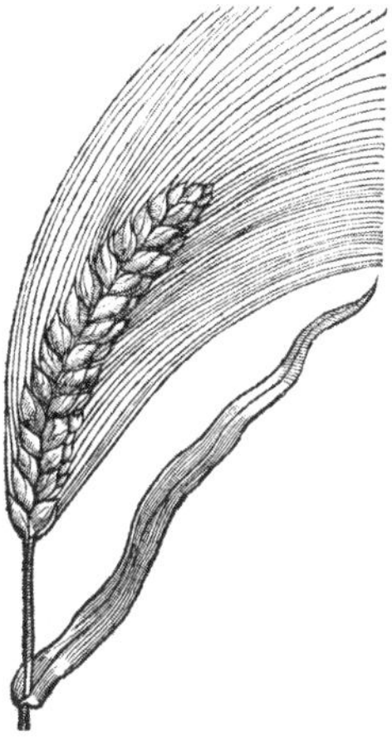

ソ連のポスター
「餓死者を忘れるな！」

地球上でのヒトの移動に伴って、植物も運ばれてきた。種子は小さく、運びやすいため、入植者や侵入者は、その元来所有していた作物を、世界中へ運びだした。今となっては、しばしば多くの栽培作物の祖先が、いつ、どこから進化したのかを知ることが困難になっている。しかし、今日野生種として存在する仲間の存在地を調べることで、その辿った道のりを知ることができる。この分野の開拓者は、植物学者で農作物の育種家、科学者としては最高ながら、人間性は最低だった男ニコライ・ヴァヴィロフである。

ヴァヴィロフは 1887 年に生まれ、モスクワ近郊の小さな村イヴァシュコーヴォで育った。独裁的で非効率的な帝政ロシアの統治体制下、凶作が頻発し、困窮と飢餓を見ながら育ったヴァヴィロフは、二度とそのようなことを起こしてはならないと心に誓った。彼は、植物学および遺伝学の最新科学を応用して、このような惨事に終止符を打つ決心をした。大きな矛盾は、彼の研究は人々を救ったものの、彼自身は救われなかったことである。

植物学者の大半が野生種にしか関心を示さなかった時代に、ヴァヴィロフは、栽培種の分類に手を付けた。彼は、広汎な採集探検によって、現在の農作物の祖先が、最初にどこで栽培されたかを知るための、理論を構築していった。メンデル説の支持者として、彼は、現在の農作物が由来する野生種を特定し調べることで、病気に抵抗性の新しい品種(商業目的のため、特定の交配によって生まれる品種)の開発が可能で、それによって飢餓をなくせると考えたのである。その先駆的な仕事は、革命と戦争を背景にして進められ、植物の遺伝的多様性の重要性を世界に知らしめていった。

人類は約 12,000 年前に狩猟採集生活を捨て、農耕を始めている。

初期の農民は、収穫期が一定でたくさんの果実が実る、有益な性質の植物個体を選択して栽培した。そうした中で国境を越えた貿易網や海運の発達によって、植物の種子が大陸間で移動し、地球は略奪・襲撃の世界から農民の世界に変化した。このような大移動があったために、現在の栽培植物の多くがいつ、どこで野生種から進化したのかを知ることが困難なのである。

現代の発達した農業技術の中で、なぜ、野生種の探索が重要なのか疑問に思うかもしれないが、問題は遺伝形質の多様性にある。野生種を採取して栽培作物にする過程とそれに続く、長い農民による選択・選別において、病気に対する抵抗性や気候変動への適応性などの重要な形質は、収穫量の多さや食味などの特性が優先されることで失われていった。我々は、現在、高品質の食料供給に信頼を置いているが、その遺伝的多様性は激減している。遺伝的に同じ作物は、害虫被害を受けたり病気にかかりやすく、その脆弱性を原因とする悲劇は人類史上にいくども現れている。

近年「単一栽培」農法が人気を集め、広大な農地に数少ない種類の作物が栽培されているが、高収穫の一方で、その遺伝的多様性は非常に低くなっている。地球規模の人口増加、気候変動、その結果の水不足に直面して、植物育種家にはこれまで以上に、環境変化に抵抗性のある多様な遺伝子の利用が求められる。しかし、そのような遺伝子を農作物に組み込むためには、その祖先が、今日どこにあるかを見つけ出し、その多様性を備えた遺伝子を集めなければならない。食用になる植物は、世界に50,000種あるとされているが、我々はその中の3種（米、トウモロコシ、小麦）に、摂取エネルギーの60％を依存している。これら主要農作物のひとつでも、害虫や病気の影響を受けると、広範囲に飢餓が発生する可能性が現実味を帯びていく。

ニコライ・ヴァヴィロフは、野生に存在する農作物の近縁種は、遺伝的多様性を有する重要な存在で、人間が使用して植物育成を向上させ、維持するのに有用と考えた最初の科学者のひとりである。20世紀の初め、彼は研究のため115回の遠征を行い、エチオピア、イタリア、カザフスタン、メキシコ、ブラジル、アメリカを含む64ヵ国を訪問し、野生環境の植物を採集し研究した。彼は、計画的に農業発祥の地域を選び、農作物に有益な遺伝子を見つける目的で、野生の近縁種および、現地の農民が選択栽培してきた、伝統的な作物を集めた。

ヴァヴィロフは、小アジア（現在のトルコ）への植物採集旅行の必要性について、手紙で以下のように記している。

> 自然界には、世界の農産業でいまだに使用されていない、多様性の巨大な蓄積がある。たとえば南西アジア、西アジア、ザカフカスなどの地域にある、膨大な種類の野生植物（それらについて、発展途上国の科学や調査は及んでいない）。アジアとザカフカスの穀物生産植物は、実際的観点から特に興味深い。割れにくく、乾燥に強く、素晴らしいガラス質の粒で、土壌を選ばず、多くの感染性カビに耐性がある。

ヴァヴィドフは探検で得た知識を用いて、各栽培作物には特定の起源となる土地があり、その土地には、最も優れた多様性が今でも残っているという信念に至った。彼はそのような土地を、起源の中心と呼んだ。

1926年、彼は「栽培植物の起源の中心」という論文を発表し、農地、庭園、果樹園などの作物の起源として5ヵ所を特定した。それら5地域は、人類が最初に農耕を始め、市民社会が形成された、大河の流域ではなく、「アジアの山岳地帯（ヒマラヤとその山系）、北東アフリカ山系、南ヨーロッパの山岳地域（ピレネー山脈、アペニン山脈、およびバルカン半島山脈）、コルディエラス山系、ロッキー山脈の南山脚である。旧世界における栽培作物の起源は、北緯20°から40°の間に存在する」と発表した。

今日、キュー標本室D棟の扉の奥にしまわれている木製の標本箱は、

多様性を示すエンマー小麦の穂。
パーシヴァルの収集物より。

地味な外観とは異なり、重要な収蔵物が収められている。内部の黒い箱に収納されているのは、ヴァヴィドフの助言を得て農学者のジョン・パーシヴァルが収集した 1,300 種の小麦の穂である。標本から明らかなのは、地域の種や品種の交配によって、昔から多数の栽培用小麦が作り出されたことである。それは、農業における新種発現や変化の研究をしている科学者にとっては、計りしれない価値がある。

キューのマーク・ネスビットは、それぞれ数本の穂が収められているシートをいくつか選び、以下のように指摘している。

> そこに見られるのは、芒《のぎ》（突起）が有るもの、無いもの、その色が赤いもの、白いもの、黒いもの、形が毛状のもの、穂の長さが長いものと短いもの。我々が見ているのは、畑に昔から存在する小麦

> 品種の多様性(ひとりの農民の畑でも種々の品種が存在した)と、異なった種間での変異である。穂の小さな野生の小麦、エチオピアやその他の地域から来たエンマー小麦、デュラーム小麦と、現在のところ、最も重要なパン小麦がある。すべての変化と形態学上の発現は、遺伝的多様性を反映している。そこには病気に対する抵抗性、調理上の特性、痩せた土壌での成長能力などが含まれる。昔の農民にとって、これらは非常に重要な性質であった。

ネスビットの説明によると、農民が小麦の栽培植物化を始めた時、多くの野生原種の中から、特定の植物だけを選び出して栽培した。このことが障害となって、その後の小麦は、野生原種のもつ遺伝的多様性の一部のみを引き継ぐことになった。このように小麦の栽培植物化を始めた時点から、遺伝的多様性は失われていったのである。同時にパーシヴァルの収集標本が示すように、昔の農民は種子の選択と交配を通して、新しい変異を導入していた。一方、育種家から提供される現代の栽培品種は、均一な収穫が得られるように、選別交配した遺伝的多様性の低い品種で、旱魃《かんばつ》やその他の気候変動への適応能力が不足している。

ロンドン大学の植物考古学教授ドリアン・フラーは、先を続けて以下のように述べている。

> 初期にヴァヴィロフが注目した問題は、飢餓は、少ない品種に依存した大規模栽培が原因の一部であるということ。ヴァヴィロフは、彼が呼ぶところの「起源の中心」など山地の品種のいくつかを導入することができれば、より広い遺伝的多様性を見出すことができ、将来の予測できない窮境に対する抵抗性を構築する手段が得られると考えた。

歴史的な出来事が、ヴァヴィロフの仕事に大きな影響を与えていた。

ローランド・ビッフェンが交配させたパン小麦。
パーシヴァルの収集標本より。

1917年のロシア革命ではレーニンが権力を掌握した。彼は、知識階級を嫌い、国の機関や研究所で働く専門家の必要性を感じていた。国の機関の多くは、革命発祥の地ペトログラード（1914～1924年までセント・ペテルスブルグと呼ばれた土地の新名）にあった。そこで、1921年、ヴァヴィロフは、1894年に設立された応用植物局（アメリカの外来種子および植物導入局の設立に先立つこと4年）の局長に就任した。

当初の「無数の困難」の中で「家庭では孤立し、備品、住居、食料の確保に苦労しながら」、彼は新しい研究室と実験棟を作り上げた。その年、飢餓が発生すると、伝えられるところでは、レーニンは、「避けるべきは次の飢餓である。今こそ、それを始める時だ」と宣言した。レーニンの支持を得て、ヴァヴィロフは応用植物局（現在のN.I.、ヴァヴィロフ植物産業研究所、ロシア語の略号でVIR）を、巨大な植物交配の権威機関と位置づけることができた。国が後援する機関という権威のもとで、ヴァヴィロフは種子収集のための遠征を続け、その自説を発展させていった。

1926年と1927年には、肥沃なデルタ地帯で最初の農業が始められたばかりの中東の地を訪れた。途中、極度に疲労し、マラリアに感染しながらも、レバノンから、シリア、後のヨルダン、パレスチナ、モロッコ、アルジェリア、チュニジア、そしてエジプトを訪問した。彼は、自分の雑誌で、栽培種と野生種の両方の小麦について回想している。

> アラビアの村への最初の訪問で、独特の構成をもった小麦畑を発見した。そこで不思議な亜種を採取し、後に「*Khoranka*」と命名した。これは、特別に大粒の小麦で、丈夫な藁と、粒の詰まった小さな穂をしていた。同じ場所（ベカー）では、畑の縁の斜面に、初めて野生種の小麦を見た。しかしそれは、乾燥に強い、その土地の栽培小麦で、アラビア入植者の間で広く栽培されていた。我々はこれに注目した。

彼らの遠征で、ヴァヴィロフとその仲間は、148,000 ～ 175,000 の種子と塊茎を、長く保存するために持ち帰った。ロシアの食品歴史家 G.A. ゴルベフは、1979 年に、「ソ連の全耕地の 5 分の 4 は、VIR（ヴァヴィロフ植物産業研究所）の有する無類の収集物中の種子に由来する、異なった植物の変種が蒔かれている」と記している。

今日、キューのミレニアム紀種子銀行事業計画（MSBP）の科学者は、ヴァヴィロフの不朽の功績を非常によく承知している。農作物野生原種計画を通して、彼らは、各地域に関して専門的で詳細な知識を有する世界中の協力者の助けを受けて、遺伝的多様性植物の保存に努めている。MSBP は、現在の栽培植物の、有用な野生近縁種について標本と実物を入手し、どこで発見されたか、いつ、どのような形で採取されたかを地図上に記録する努力をしている。

この計画を通して、作物の野生近縁種の種子を世界中から集め、分類、保存し、交配計画に提供できるようになる。それは時間との競争で、野生種が気候変動、都市化、森林消失などによって失われる前に、見つけ出し、保存しなければならない。その緊急性は、2000 年にタンザニアで最初に採取されたナスの原種 *Solanum ruvu* の運命が明確に示している。新しい植物種であることが明らかになった時点で、その自然生育地は破壊されていて、現在では絶滅したと考えられている。

現在では、多様性が最も高い場所が作物起源の中心であるとするヴァヴィロフの考えは、完全には正しくないことがわかっている。実際には、状況は複雑で、作物の高い遺伝的多様性は、地理的孤立と栽培上の変化の影響を受けている。いずれにせよ、ヴァヴィロフの仕事は、現代の種子科学者による研究に影響を与えている。MSBP の作物野生近縁種計画のコーディネーター、ラス・エーストウッドは以下のように説明している。

> この計画では、今日の世界のどこに作物の野生近縁種が存在するかの主要情報を形成している。収蔵室の標本を調べ、多くの地理学的階層を用い、数学的アルゴリズムを適用して、作物の野生近縁種の分布モデルを構築している。これにより実際、既知および仮定（モデル）の地図が作られ、これらの地図は、作物の野生近縁種の最も豊富な地域を示してくれる。今、彼の地図を見てみると、ヴァヴィロフの洞察力の素晴らしさがよくわかる。彼の時代、現在よりはるかに少ない情報と分析法で、彼は非常に正確な地図を描いているのである。

ヴァヴィロフにとって、その悲劇は、存命中に訪れた。不幸にも、彼はレーニンの支持による、その植物学上の使命遂行を長く続けることができなかった。1920 年代の終わりには、革命の理論家は他界し、1929 年には「過去との決別」を宣言したスターリンがソ連共産党を掌握した。この新しい指導者は短視的に、ヴァヴィロフが、将来のために植物の遺伝子資源を保存することに時間を浪費することなく、すぐに飢餓への対応をとるべきだと考えた。その結果、植物の交配によってヴァヴィロフよりも急速に、ロシアの飢えた人々を救済できると主張したトロフィム・ルイセンコがスターリンに認めた。

ヴァヴィロフは、作物の改良にはメンデルの遺伝学が重要であると主張し、奮闘したが、1940 年代までに彼の研究所はルイセンコの考えにとって代わった。多くの思想家や知識人が悲惨な経験をし、自由な思想は、スターリンのソ連では認められなかった。1940 年 8 月、ヴァヴィロフがカルパティア山脈で草の標本を採集しているところに、黒塗りの乗用車に乗った 4 人組の男が現れ、モスクワに連行された。その後、彼がその植物学の職歴を開始した、サラトフの監獄に収監された。

後年、ヴァヴィロフが投獄されている間に、ドイツがヨーロッパを席巻する第二次世界大戦が勃発し、スターリンは油絵、フレスコ画、宝石など 50 万点の財宝を、レニングラード（1924 年にペトログラードから改名）のエルミタージュ美術館から、ヒトラーの進軍を避けて秘密の場所に移した。しかし、2,500 種の食用作物の 380,000 におよぶ種子、根、および果実は、ヴァヴィロフの種子保管所に残されてしまった。

しかし暗い時代にも、人間の精神力は奇跡を生み、種子保管所はレニングラード包囲を生き延びた。保管所の職員はヴァヴィロフが丹念に収集した貴重な資源がヒトラーの略奪にあうとは思ってもいなかった。レニングラードは孤立し、人々はネズミを食べるまでに困窮をきわめたが、科学者たちは建物内に自らバリケードを築き、道路の地下深く、気温零度以下の真っ暗な場所で、種子を交替で見張り続けた。彼らの眼前には、米、エンドウ豆、トウモロコシ、小麦の箱があったものの、そのひとつたりとも口にしようとはしなかった。こうして、食用農産物の野生近縁種に関する最大のコレクションが守られ続けた中で、ヴァヴィロフの同僚 9 名が、飢餓と病気によって命を落とした。

このコレクションの生みの親は、そうした間、1943 年に静かに獄死した。五大陸を放浪し、野生種の種子を集め、幼少期に経験した飢餓をなくすために一生を尽くしたヴァヴィロフは、自ら飢餓をなくそうと努力したにもかかわらず、飢餓のために死を迎えることになる。今日、彼の生涯は我々に、悪政のもとでは、科学が人々を救えないことを教えてくれている。

15

植物医薬《ボタニカルメディスン》

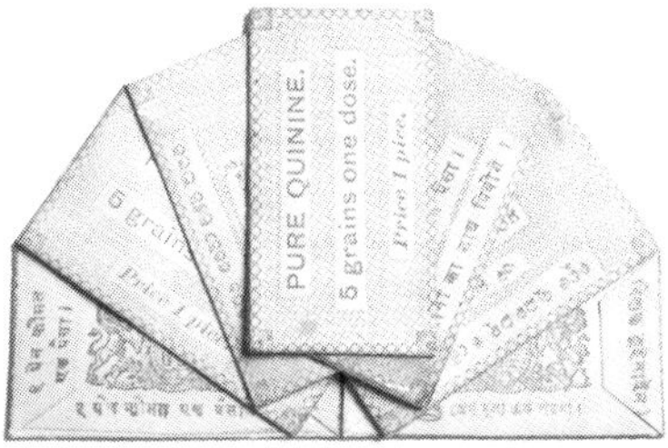

18世紀、ジギタリス（キツネノテブクロ）のイラスト。
ジョージ・ディオニシアス・エレット画。

1947年のノーベル化学賞は、イギリスの科学者で知性の巨人サー・ロバート・ロビンソンに与えられた。彼の洞察力は有機化学のあらゆる方面に及び、その偉大な功績のひとつは、ペニシリンを人工的に大量生産し、何百万人もの命を救ったことである。しかし、化学賞受賞の理由は、「生物学上重要な植物産物、特にアルカロイドに関する研究」という、一分野の功績に対するものであった。では、アルカロイドとは何なのか、なぜそのように高い価値があるのだろうか？

アルカロイドは、植物が生産する生物化学的な化合物の総称である。その役割は完全には解明されていないものの、病原体や草食動物からの保護作用をもっている。動物と違い、植物には逃避行動をとることができない。そこで脅威に対抗して、特別な二次代謝物として、化学物質を合成して身を守っている。アルカロイドの多くは、苦い味を示すことによって、多くの捕食者、しばしば人間には魅力的ではない存在となっている。一方、人間にとっての利点は、これらの化合物がしばしば薬になることである。

キューのジョドレル研究室の副室長モニーク・シモンズは、植物性化合物の医薬品としての可能性について、多方面から検討している。「これらの化合物は、人間の利益のために存在するのではありません」と彼女は指摘している。「これらの化合物は、通常、たとえば昆虫に対抗するのが目的です」。植物の葉や幹に開けられた小さな孔を塞ぐ化合物もある。これは、人間の細胞が炎症反応を制御する過程に類似している。このような化合物は、抗リウマチ薬として有望かもしれないのである。

現在、強力な鎮痛薬として用いられるモルヒネは、1804 年に発見された初期のアルカロイドのひとつだが、その分子構造は 1925 年にロビンソンによって決定されるまで不明であった。また、その他のアルカロイドとしては、キニーネやその誘導体のような抗マラリア薬、ニチニチソウ(*Catharanthus roseus*)由来の化合物で、子供の白血病やホジキン病の治療薬がある。

ロビンソンの主な功績は、これらの強力な生理活性物質を、自然界の条件と原料を用いて有機合成(単純な物質から化学反応で目的物を合成すること)したことにある。この新しい方法は、それ以前の高温と高圧条件下での化学反応とは対照的であった。ロビンソンの初期の成功例は、トロピン類の合成で、ある種の心臓病、気管支障害、眼科手術などに用いられていた。

薬用植物の利用は、科学者が、特定の薬効化合物を分析する手段を得る遙か以前から行われていた。キツネノテブクロ(*Digitalis purpurea*)に関しては、その魅惑的なピンクから紫色の鐘形の花とは裏腹に、「死人の鐘」という異名があるとおり毒性植物だが、何百年も前から、その治療作用が知られていた。イギリスの内科医で植物学者のウイリアム・ウイザーリングは、民間伝承でキツネノテブクロの浸剤が、しばしば、うっ血性心不全に伴う、足の水症(浮腫)に用いられることに注目した。「1775年、私は浮腫が治癒した症例に注目した。シュッロプシャの老女から、他の医者には治せない浮腫に反応する、長年秘密にしてきた秘薬について聞き出すことができた。その薬は20種類以上のハーブから構成されていたが、浮腫に対して有効なハーブがキツネノテブクロであると特定するのは困難ではなかった」。彼は、その患者に対して65ないし80%という驚異的有効率を実現した。しかし、キツネノテブクロの活性成分が単離されたのは1800年代も後半のことで、ジゴキシンとジギトキシンという2種の主要成分が、心臓の働きを正常に制御することが明らかになった。

ハーブ医薬としてのヤナギの樹皮については、歴史的に多くの公式記録があり、その薬効に関する論文も発表されていた。イギリスの聖職者エドワード・ストーンは「その木の樹皮は強い収斂性を示し、悪寒や発熱、間欠性疾患に有効であるのが知られている。約6年前（1758年）、偶然口にしたところ、その強力な苦い味に驚き、同時に、キナ皮と同様の特性があると感じた」と記録している。ストーンは、ヤナギの樹皮を集めて乾燥させ、粉にして、オックスフォードシャの田舎の自宅周辺住民に投与してみた。彼は、その発熱に対する作用について、当時の一流科学雑誌「*Philosophical Transactions of the Royal Society*」に発表している。ヤナギに対する関心は次第に高まり、1828年に活性物質サリシンが発見された。サリシンは、サリチル酸に変換されて、疼痛に対して高い有効性が示されたが、胃障害と胃潰瘍の副作用があった。1899年、ドイツの科学者はサリチル酸を胃に優しいアセチルサリチル酸に変換した。アセチルサリチル酸は、現在では一般名アスピリンの名称で広く知られている。

アヘンケシ（*Papaver somniferum*）は、古くから、その優美な花とともに、薬効が知られている。その特徴的な丸い果実の莢《さや》からは、乳液状の樹液が得られ、昔からアヘンの原料になっている。アヘンケシはギリシア、ローマ時代の医学書に、悲しみや痛みを和らげるとあり、後にルネッサンス期の薬草学者パラケルススは、アヘンの不死性を信じていた。アヘンは、中国がインド産アヘンを持ち込むイギリスと対立した、19世紀に起きた2度のアヘン戦争の原因にもなった。1803年、アヘンの主活性物質は、アルカロイドとして初めて単離された。モルヒネと名付けられて、1827年にはドイツで商品化された。

この薬用上の有用性は、当然、キューの関心事となった。18世紀後半から現在に至るまで、繁殖のために世界中からキューに集められた薬用植物は、研究に供され、他の植物園にも分配されている。1840年代からキューと王立薬学協会は、樹皮の粉、刻んだ根、乾燥させた葉、および無数の処方も収集している。今日、キューの有用植物コレクションには約20,000点の標本が収納されている。その艶びかりする木製の標本箱は、医薬品の4分の3が植物由来だった時代の、勇敢な

アヘンを産するケシ。
昔から薬効が認識された。

植物種収集家《プラントハンター》、先駆的な薬理学者、および初期の医薬品製造者の証言者である。最近のコレクションへの追加標品は、過去20年間に収集された4,000種の中国医薬で、医薬品および医療システムの世界的な動向を示している。

19世紀の後半から、キューの標本箱は薬剤師の訓練に用いられ、ヴィクトリア朝当時の一般的な疾患治療のために有効と考えられる、多くの植物を薬剤師に認識させた。当時は消化器系疾患が多く、暴飲暴食は死に至る愚行と考えられていた。センナ、ルバーブ（園芸種とは異なる）、アロエ（黒色の樹脂で、今日の柔らかいゲル状物とは異なる）などが下剤として用いられていた。ブナの虫瘤《むしこぶ》は下痢に有効と考えられていた。

ヴィクトリア時代の処方には、より重篤な状況に適用するものも見出される。アヘンチンキのようなアヘン製剤は、ヴィクトリア女王（出産時に使用）から幼児まで広く鎮痛薬として用いられた。シェイクスピアのロメオが自殺に用いたトリカブト（*Aconitum napellus*）は水剤として、発熱や発汗の処置に広く用いられた。発熱の処置は特に重要で、地図上にピンク色で示される大英帝国領地だけでなく、イギリス本土でも、今日マラリアとして知られる病気の悪寒が、毎年夏になるとロンドン、ケント、ノーフォーク、リンカンシャーなどの湿地帯で流行した。オリバー・クロムウェルは、若い時にこの病気に罹患し、生涯、繰り返し発熱発作に見舞われた。当時は、「悪い空気」が原因と考えられ、マラリア（*mal-aria*）の名もそれに由来している。

薬用植物の歴史で、キューが深く関わった抗マラリア薬の例がある。1,000種を超えるキューの実用植物収集は、シンコナ（キナ皮）の開発と使用に関わっている。この樹の樹皮は特効薬で、マラリアの原因である*Plasmodium*原虫を標的にした、キニーネおよびその誘導体を提供する。この木（*Cinchona*）は、1638年、スペインのチンチョン（*Chinchón*）伯爵夫人が、その樹皮を服用して発熱から全快したことにちなんで命名された。イエズス会の宣教師には、民間療法薬「*quinquina*」「樹皮の中の樹皮」

として知られていた。

マラリアは、熱帯地域支配の野望をもつイギリスを含むヨーロッパの帝国主義者に天罰として降りかかっていく。数千人が、アジア、アフリカの探検や軍事行動中に命を落とした。19 世紀のイギリスの船員は、ブラック・ユーモアを交えて「ビアフラ湾には用心しろ、40 人行って、帰ってきたのはたったひとりだけ」と回想している。この病気と闘うためには、キナ皮とその抗マラリア作用が求められたが、キナ皮の採集には二つの問題があった。ひとつは、自然のキナの木は、アンデスの山奥にあって採集が困難なこと。もうひとつは、30 種以上のキナの木があり、その中のすべてが有効なのか、特定の品種のみに作用があるのか、誰も知らないことであった。

多くの探検隊が、キナの木とその種子を持ち帰る目的で、送り出されたものの、ほとんどが成功することはなかった。多くの収集家が密林の中へ消えていった。18 世紀のフランスの探検家シャルル・マリー・デ・ラ・コンダミネ（ゴムの木への関心ももっていた）は、真正のキナの木と種子を獲得して、ヨーロッパに向けて船出したものの、収集した荷物だけが波にさらわれてしまった。マーク・ホニングスバウムは、その著書「*The Fever Trail*」で、「その木は、古いインドの呪いに守られているかのようだ」と記述している。

最終的には、キナの木と種子がヨーロッパに到着した。1820 年、フランスの化学者ピエール・ジョセフ・ペルティエとジョセフ・カヴェントゥが、実験室でキナ皮からキニーネの単離に成功し、ペルティエはその直後にパリにキニーネの抽出工場を設立した。イギリスもこの新薬獲得競争に遅れをとらず、1823 年には、製薬会社の Howards & Sons がキニンアルカロイドの生産を始めている。同族会社の相続人だったジョン・エリオット・ハワードは、ヴィクトリア時代の特記すべき「キニン学者」でもあった。植物学者および化学者としての知識は、ロンドンの波止場に荷揚げされたキナの麻袋を評価するのに重要で、ロンドンの自宅の温室で、異

1882年、マダルシマ、セイロン（現在のスリランカ）のキナの木。
この樹皮からキニーネが抽出され、マラリア治療に用いられた。

なった種類のキナの木を栽培して、検討を進めていた。外見のよく似た30種ほどのキナは、交配が容易で、それぞれが異なった薬用アルカロイドを産出したが、ハワードは、最も効果の強いアルカロイドに集中することにした。

一方、イギリスの統治領への、高品質で低コストのキニーネの供給は課題となっていた。英国領インドではマラリアによる死亡率が高く、インド事務所から要請があったのは当然である。キューによって組織されたイギリス探検隊は、1859～1860年にかけて南アメリカを探索した。その結果、リチャード・スプルースと協力者によってキューに持ち込まれたキナとその種子は、インドへと送られた。長く厳しい航海に耐えたこれらの植物は、キニンアルカロイドを含有することが示され、ダージリンと南インドの丘陵地に広く植えられた。1860年代には、マドラス、ボンベイ、カルカッタの医師によって、広汎な臨床試験が行われた。その結果は、インド産の樹皮から得られる4種のキニンアルカロイドの混合物が、マラリア治療に最も有効であることが明らかになった。インドの郵便局によって、広い地域への配布網も完備され、キニーネは最も貧しい人々にも行き渡るようになった。

一方、オランダ領ジャワでは、ヨーロッパの薬種商が珍重するキニンアルカロイド含量の高い種々のキナを栽培し、輸出する事業が栄えていた。この品種の種子は、後年、チャールス・レガーと現地ガイドのマヌエル・インクラ・ママニによってボリビアで採集された。ヨーロッパの植物収集家は、現地人の案内なしには誰も、探検を無事に終えることができなかったが、現地人の名前が残されているのは希である。残念ながらレガーもママニも、この種子採集探検から多くの利益を上げることはできなかった。1865年に種子がロンドンに到着する頃には、インドでの栽培が軌道に乗り、キューも関心を示さなかった。その種子は600ギルダー（約120ポンド）でオランダに売却され、ママニは数年後、種子の密輸で逮捕されて死んでしまった。

Withania、インドヤクヨウニンジン。その生化学的性質について、認知症、関節炎、糖尿病、および癌への有用性が検討されている。

オランダとイギリスのアジア植民地におけるキナの栽培は、時を得ていた。自生キナに対するヨーロッパの需要が原因で、1850年代にはアンデスの自生種は、伐採と樹皮を剥がれることに起因する枯死によって、その数を減らしていた。

1930年代までに、研究者は、キニーネを修飾して、最初の合成抗マラリア薬である、クロロキンとプリマキンを開発した。これらの薬剤に対する耐性マラリアの出現は、新化合物の探索研究を促し、1990年代に、抗マラリア剤として有望なアルテミニシンを、アジアの温帯地域に自生する、カワラニンジン（*Artemisia annua*）から分離した。

アルテミニシンの発見は、発熱に対する伝統的な中国医薬の植物の利用法が参考になった。歴史的、および現代の伝統療法に対する知識は、薬用植物の発見に対して、大いに貢献している。このような前例は、世界の植物の約20％しか、その薬理的有用性の検討が行われていない、という事実と符合している。

とはいえ、現在の処方医薬の約25％は、植物かカビの産生する物質を含んでいる。カビは、抗生物質、免疫抑制剤、高コレステロール血症治療薬、抗癌剤などを提供している。軽度ないし中程度のアルツハイマー病治療に用いられるガランタミンは、キューで現在進行中の研究が関係している。また、米から単離されたトリシンという化合物は、レスター大学との共同研究の結果、乳癌への有効性が示唆されている。

キューの研究者は、伝統的に薬用にされてきた、植物由来の化合物の特性研究に関して、最前線にいる。「キューは信頼のおける場所です」とモニーク・シモンズはこう語る。「年間1,000件以上の問い合わせが、薬用植物の信頼性について寄せられるが、その約35％は、医薬品、化粧品、および食品としてふさわしくないものである。時には、間違った植物や抽出物もある。最も頻繁にある問い合わせは、ヤクヨウニンジンに関するものである。我々は、まず、その依頼品がアメリカからの輸入品か、アジア産のものかを調べる。アメリカ産の場合は、CITES（絶

侵入植物
ランタナ *Lantana camara*（左）は、南アメリカ原産だが、最初にヨーロッパ、後にカルカッタの植物園（1807 年）に導入された。非常に繁殖力が強く、100 年後にはチーク農園の脅威となった。今日、650 種の品種が知られ 60 ヵ国で脅威となっている。

侵入者に対して脆弱な諸島
リシリシノブ *Anogramma ascensionis*（右）は、アセンション島の固有種だったが、2003 年、絶滅が宣言された。生息域へのホウライシダの導入が原因と考えられる。グリーン山（下）の斜面で、再確認され、キューも参加した保護計画が進行中。

ヨーロッパブナ *Fagus sylvatica*、葉を広げ、太陽エネルギーを吸収している。
その鍵は、葉に含まれる葉緑素と呼ばれる生体分子で、その存在のために葉は緑色を呈する。

画家ジョン・コンスタブルが「乾草車」に描いた樹木。オランダハルニレ病によって、ヨーロッパ・ハルニレの数は激減し、1970 年以降に生まれた者には見ることができなかった光景。

病気のハルニレ。全体に萎れ、特定の枝は落葉している。

南アメリカ産の天然キナ。有名な「キノン学者」ジョン・エリオット・ハワードが分析したことが、ラベルに記されている。この樹皮はマラリア治療薬、キニーネの原料。

1840年代以降、キューとイギリス王立薬学協会は、樹皮の粉、根の小片、乾燥葉など天然の薬物素材を収集。右の箱は、薬学の学生教育用に使用された。

インドにおけるケシ坊主からのアヘンの収集。アヘンケシは古くから薬用された。

今日のブラジルにおける薬草販売（左）と、同じく安国市、中国（下）。

数世紀前の植物画。 バシリウス・ベスラーによる「アイヒシュテット庭園植物誌」。
1613 年初版で、手彩色のバラが白と黄のクローバーの花とともに描かれている。

現代アートの画家ルーシー T. スミスによって描かれた *Gustavia longifolia* は、キューの広大な図書館とアートコレクションに収められている。

1987年の台風による被害。ウエストサセックス州、ウエイクハーストのキューの所有地での惨状。台風は、植樹や樹木の管理に関して、思いがけない利益をもたらした。

滅危惧種に関する国際貿易協定）が我々の仕事の範囲を管理している。それ以外の場合は、毒物の存在がないかを調べる」

また、キューでは、薬剤師のメラニー・ホウスが、*Withania* 由来物質の認知症への効果を検討している。このインド原産で、ビロードのような葉と、薄い鞘に覆われた濃いオレンジ色の実を付ける植物は、通常アシュワガンダあるいはインドヤクヨウニンジン（時にウインターチェリー）として知られ、インドのアーユルベーダ医学では、倦怠感、疼痛、ストレスなどに対する強壮剤として、長く使われてきた。

ニューキャッスル大学の共同研究者とともに、ホウスは、*Withania* の根の抽出物について調べ、2 種の認知症の原因に対して予防作用が示唆される誘導体を見出した。この植物の、その他の生化学成分については、別の場所で、関節炎、糖尿病、癌などに対する効果が調べられている。

伝統的な薬草の知識に基づく民間療法と並んで、現代の最新技術が効果を裏付けるものもある。DNA に基づいた研究は、植物の種間の関係性をより詳しく解明している。この情報は、類似した生化学的性質を有する植物を選択するのに役立ち、薬用上有望な植物を見出す助けとなる。

キューの植物標本は、致死的病気に対して有効な成分を含有する植物の研究にも貢献してきた。一例は、オーストラリア原産のモレトンワングリ（*Castanospermum australe*）で、その種子から得られるカスタノスペルミンは、ウイルスの複製に関わる特定の酵素を阻害することから、世界的にエイズの治療に使用されている。

キューでは、現地の人々の権利と研究室の専門研究者間のバランス調整に心を配っている。キューは約 100 の国々の地域共同体と仕事をしているが、それらの地域では、医薬品原料の多くを植物に依存している。「そこには相互利益が存在する」とモニーク・シモンズは語る。「それらの地域からは、将来の新薬が生まれる可能性がある。地域の植物から新薬が開発された場合、その地域には利益が生ずるべきである。それは、単に新薬が開発されたことに留まらず、地域共同体の権利を尊重し、彼らの貴重な天然資源を保存することも必要になる」

サハラ砂漠以南のような、一部の地域では、人々の多く、特に貧しい地方共同体の人々は、製薬会社の提供する医薬品ではなく、薬草に依存している。モニーク・シモンズが認めるように「共同体によっては、医薬品よりも薬草を信頼する場合がある。そこで、ある種の医薬品、特にワクチンの高い有効性については、理解を得ることが重要である。ワクチンの投与を怠れば、避けられる死を招くことになる」

地域の知識を保存することは、植物自体の保護に必須である。たとえばガーナの地方共同体では、薬草に関する知識の保有に年齢間の格差が存在する。18歳から27歳の年代では2%しか知識を有しないのに対して、28歳から57歳の年齢層では、その割合が高くなっている。「特に都市部においては、薬草の知識を有する若年層の数は少なくなっている」とモニーク・シモンズは語る。「一方、地方の村では、長老が専門家として、上質な植物原料の選択を行っている」

伝統的な薬草の研究から利益を得た場合、その利益を分配するための新たに明確な戦略が必要になる。薬草の治療的用法の守護者が存在する、地方の共同体のための行動も必要である。研究者は、植物の働きについて、より深く探求すべきである。製薬会社は、これらに先導されて、より安全性の高い医薬品製造のために投資しなければならない。

16

成長の合図

イネ、植物ホルモン、
ジベレリン発見の鍵となった植物。

植物科学における大きな発見は、一般に多くの研究者による、長年の研究と実験によってもたらされる。バルザン賞は、ノーベル賞では包含できない科学分野に対する主要な名誉ある賞で、1982年には110,000ドル(64,000ポンド)の賞金とともに、ケネス・シマンに贈られた。彼の発見は、かつてチャールズ・ダーウィンが、白熱した科学論争の中で行ったような、子午線を越えた遠征から得られたが、彼の場合は進化論でなく、植物ホルモン（植物が産生し、その細胞や組織の活動、さらに成長や習性に影響を与える生化学物質）が目的であった。

シマンはイングランドに生まれ育ち、1930年にアメリカに渡った。聡明だった彼は、植物の加齢、光合成における光の波長の影響、花や果実の色を決定する色素の合成過程などの分野で、長足の進歩を遂げた。しかし、彼の仕事で最も有名な成果は、1934年、植物から成長ホルモンのオーキシンを単離、精製したことである。

ギリシア語の *auxein*（育つ、増えるの意味）に由来するオーキシン類(*auxins*)は、植物の成長に関わるものであった。それらは、若枝や根の先端で作られ、植物細胞の増殖を制御している。オーキシン類は光と反対側（高濃度のオーキシンが存在）の細胞を増殖させることで、植物の若枝を光の方向に湾曲させる。オーキシン類は、果実の成長にも関与している。オーキシンは、他の植物ホルモンに協力あるいは拮抗して、植物の成長を制御する。たとえばオーキシンとサイトキニンと呼ばれる他のホルモンの比率は、根の生長に対して蕾の生長の比率を決定していく。

シマンの発見したオーキシンは、インドール-3-酢酸であった。彼による化学構造の決定により、オーキシンの化学合成が行われ、農業および園芸分野における重要な手段となった。より問題となったのは、彼の研究成果をもとにオレンジ剤が作られたことである。オレンジ剤は、ヴェトナム戦争において、作物や森林を破壊するのに用いられた。

キューでは、オーキシンは、園芸家によって希少植物の増殖に用いられることがあり、通常の方法より魅力的な結果が得られている。年をとった植物は、特に増殖が難しく、キューのヴィクトリア時代の温室（現在、改装中）から移された植物など、老齢の個体は成長が遅く、樹皮が硬いため十分に発根ができない。オーキシンを使うことで発根を促し、この問題を解決へと導く。キューの温室責任者グレッグ・レッドウッドは、その工程を次のように表現している。

「最も健康そうな若い枝を選び、樹皮を、その下の生組織が露出するまで剥いでいく。その傷口にオーキシンを使用し、コケをアルミ箔で覆い、湿度を保って発根を待つ」。これは、空中取り木法として知られている。

オーキシンは、根の成長を促進するとともに、植物が外界の変化や刺激に反応する能力にも深く関係している。この能力を、動物の神経系と比較する者もあるが、シマンは、その著書「植物の一生とホルモンの働き」において、やや慎重に次のように記述している。

> 顕花植物のような、複雑な組織の微調整は、拡散性の化学物質の流れが、巧みな方法で関与している。それは、奇妙にも偶発的な素質を有し、特別に正確ではない。おそらくは、それが理由で、植物は音楽を愛でる、祈りの影響を受ける、人の心を読むなどの主張が絶え間なく出てくるのだろうが、そのようなことは、発達した神経系がなければ起こり得ない。神経系は、繊細さと即時性において、化学物質の分泌や流れよりも、優れた感覚系を構成している。

植物ホルモンと植物の動きの間の関係は、シマンとダーウィンを結びつける。植物はどのようにして動くのか、という問題は、古代ギリシア時代から議論され、純粋に機械的なものとする説と、植物が周囲の環境に対して、何らかの感覚や知覚を有しているとする説があった。

この問題は、18 世紀の後半には、植物科学者の間で、熱い議論の対象となった。スイスの自然学者チャールズ・ボネットは、植物の動作について、初期の対照実験を行った。チャールズ・ダーウィンの祖父エラズマスは、初期の感覚論の支持者で、植物は感覚を有する生物で、自発的に動くことができると考えていた。彼は、蕾には脳があり、感覚刺激に反応し、さらに植物の行動は、少なくともその一部は、学習行動に依存していると主張した。この学習効果については、孫のチャールズが、植物の進化に影響するものは何か、について研究した。

エラズマス・ダーウィンは、植物の行動を、生存のための資源をめぐる戦いであると考えた。彼は、単に堅い科学議論に依存するのではなく、その概念を詩に託して表現した。以下は、1804 年の彼の叙事詩「自然の神殿」からの引用である。

さよう！　繁栄する植物は、戦車の騎士
植物の闘いを通して
ハーブ、灌木、樹木の強い意志は動き
光と空気を求めるのは、空の闘い
その根は、抵抗に屈せず分岐し
水と土壌を求めて闘う

19 世紀、制御派と機械派の論争は激しくなっていたが、チャールズ・ダーウィンは、1860 年代から 1870 年代に行った一連の実験結果から、強く前者の制御派を支持した。彼の主な対抗者は、光合成の研究で有名なドイツの科学者ジュリアス・フォン・サックスで、植物には環境を感知する能力をもった細胞は存在せず、したがって能動的に環境への適応はできないと主張した。

「種の起源」を発表した直後から、ダーウィンは、湿地に生息する食

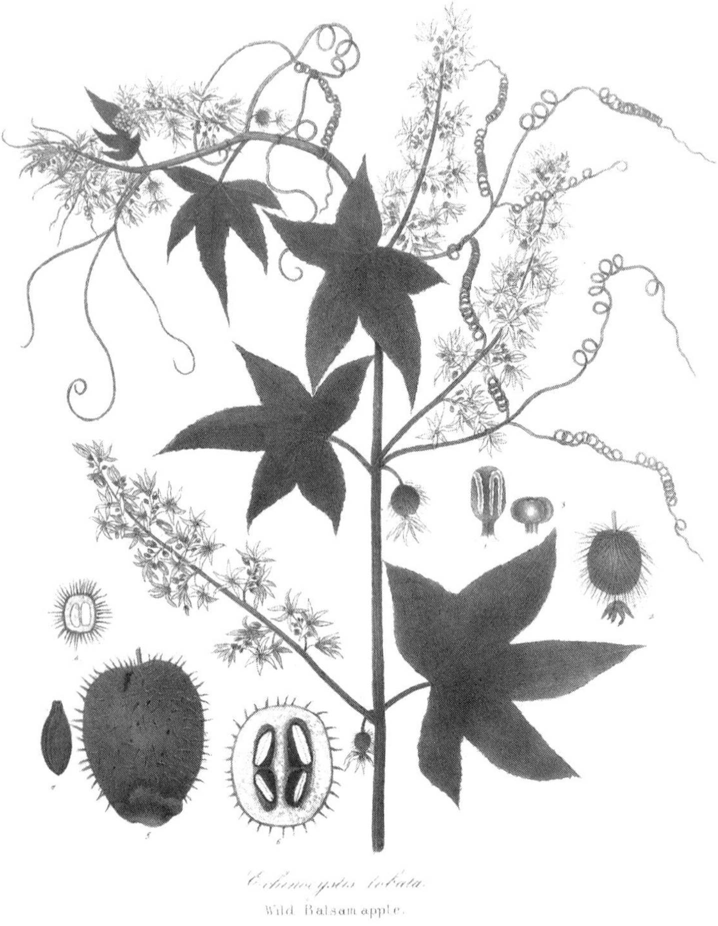

ダーウィンが、植物の動作の実験に用いた、
天然のツルレイシ (*Echinocystis lobata*)。

虫植物のモウセンゴケ (*Drosera rotundifolia*) の動きに魅せられるようになった。1860 年 11 月の弁護士で地質学者のチャールズ・ライエル宛ての手紙で、植物が人間の皮膚よりも敏感で、その敏感な「毛」は、種々の対象に対して異なった反応を示すことに、「ビックリ仰天」したと記している。

ダーウィンは、*Echinocystis lobata*（トゲキュウリあるいはツルレイシ）のようなツル性植物にも注目し、生物学者が回旋運動と呼ぶ、ねじれと巻き付き行動がどのように制御されているかに興味を抱いた。その調査のために、ワックスの粒でガラスの針を植物の若枝、根、葉などに固定し、カード上にガラスの動きを点で記録した。時間を変えて、記録を繰り返すことで、ダーウィンは、植物の動きを点の動きとして、現在の微速度撮影のように、とらえることができた。

彼は、巻きヒゲを観察し、何かを探すように動き、何かを見つけると巻き付くことを見出した。それは、モウセンゴケのように、人の指より敏感な触覚で、その能力について「驚くほど巧み」であると、1863 年に記述している。さらなる研究は、単純ながら明快で、息子のフランシスと協同で、カナリアサード（*Phalaris canariebsis*）を用いて行われ、苗木が光に向かって屈曲しながら生長する仕組みを解明した。苗木の先端を覆うと、屈曲は止まった。チャールズとフランシスは、「この結果は、苗木の上部は光に反応し、その効果を下部へと伝える何かが存在することを示している」と結論づけた。チャールズはこの説の主要部分を、1880 年発行の著書「植物の運動力」で発表した。

ダーウィンの説は、当初、仲間の植物生理学者には受け入れられなかったが、次第に植物の先端部に、反応性と伝達性のある物質の存在する証拠が、他の研究者によって蓄積された。オーキシンは 1885 年、ドイツの生化学者アーネスト・サコウルスキーによって、発酵の副産物として検出された。最初のオーキシンは、オーキシントリオリック酸（オーキシンＡとして知られる）だったが、1931 年、フリッツ・コーグルとアリー・ジャン・ハッゲン・スミットによって、人間の尿中からも見出された。後にコーグルは、尿から別の物質も単離したが、それは構造、作用ともにオーキシンＡに類似していた。その中には、直後にシマンが植物から最初に単

離したインドール -3- 酢酸（IAA）が含まれていた。

オーキシンが、挿し木を速やかに出根させたい園芸家にとっての朗報だったのに対して、農業の分野では別のホルモンが脚光を浴びていた。その発見には、日本の農民が馬鹿《ばか》苗病《なえびょう》と呼ぶイネの病気が関わっている。この名前は、イネが著しく徒長し、節間は長く倒れやすく、泥酔者のように役に立たなくなることに由来している。

1898 年、日本の研究者である堀正太郎は病気の原因がカビであることを指摘し、1935 年、薮田貞治郎はカビから成長を抑制しない特殊な分子を単離してジベレリンと名付けた。しかしこの発見は、第二次世界大戦の終了まで科学界には公表されなかった。そこから植物に対してジベレリンがどのように作用するのかという研究が始まったが、この研究から主要産物の矮小品種が生まれ、緑の革命と呼ばれて、50 年前の世界の農業生産に変革を与えている。

オックスフォードのセント・ジョーンズ大学のニック・ハーバード植物学教授は、この話を取り上げて、緑の革命における最大の功績としている。

「1950 年代から 60 年代にかけて、ノーマン・ボーローグは、高収穫性の矮小小麦の交配を行い、また、他の人々は矮小イネで同様の交配を行ったが、それらは、資源を茎の成長ではなく、収穫の増量に振り向けることに成功した」。ボーローグの矮小小麦は、メキシコ、パキスタン、およびインドにおいて、おそらく 10 億人を飢餓から救い、その功績で 1970 年にノーベル賞を受賞した。

ハーバードのチームは、ジベビリン産生を抑制する遺伝子、彼のいう「矮小性の分子的同等性」の分野で最先端の仕事をしており、ジベビリンは、種子や果実の大きさにも影響を与える。ハーバードの研究は、ホルモンの作用を制御する関連遺伝子の働きに光を当て、地球規模の気候変動がもたらす乾燥、塩害などの厳しい環境下に適応した作物の開発に貢献している。

植物ホルモンは、リンゴなどの
果実の成熟に重要な役割を果たす。

オーキシン同様、ジベレリンは一連のホルモンの総称で、単一化合物ではない。これまでに136種のジベレリンが同定されていて、ジベレリンの種類、および植物種によって異なることから、生産者にとってはさまざまな利点が生じている。矮小品種の生産に加えて、ジベビリンは、リンゴやナシなどに見られる豊作翌年の「不作」の傾向に対応して、果実の実りを促進する。また、ジベビリン酸を噴霧することで、ブドウの実を現代の消費者が要求する大きさに育てることも行われている。

合成オーキシンは、ブロッグデールの国立果実コレクションといった、現代農業の最前線で活用されている。NAA と呼ばれているあるオーキシンは、果実が完熟するまで木が保持するように、噴霧されている。

もうひとつのオーキシンの特性は、果実の熟成に強く関わる、気体状ホルモンのエチレンの発生を促すことである。多くの植物が自然にエチレンを放出し、バナナが特に有名だが、古代エジプトではイチジクの熟成にエチレンの作用を利用していた。同様に、古代中国でもナシの熟成に、密閉した室内で香を焚いた話が伝わっている。今日、ホルモンとしてのエチレンは、リンゴやトマトの熟成や、パイナップルの熟成同調化などに用いられている。

他の範疇の植物ホルモンも発見され、農業および園芸の分野での有用性が検討されている。たとえばサイトキニンは成長と落葉の制御に用いられる。サイトキニンの存在によって、植物の加齢を遅延させることが可能で、葉による光合成を継続させることで収穫量が向上する。タバコはその葉が重要な作物で、サイトキニンの効果が最初に試されている。

一方、ブラシノステロイドは、ジャガイモ、米、大麦、小麦などの収穫量を増やすことが確認されている。興味深いことにその作用は、過酷な条件下で顕著に表れる。最適条件のもとでブラシノステロイドを適用しても、ほとんど効果は見られないものの、ストレス環境、たとえば籾《もみ》をブラシノステロイドで処理してから塩分の多い土壌で栽培すると、未処理の籾よりも優れた収穫を生み出す。明らかに馬鹿苗病から学ぶことは多いのである。

17

絶え間ない変化

Flora Graeca、1806～1840年に製作された、
植物誌空前の傑作。

キューの標本棟1階の冷気の中、はめごろしになった窓から、観客は完全に空気調整された広い部屋に置かれた、貴重な蔵書を見ることができる。ここには最も価値ある書籍が収蔵されていて、その多くは革表紙で、15世紀に遡《さかのぼ》るものもある。それらのひとつが、オックスフォードの植物学者ジョン・シブソープと、オーストリアの有名な植物画家フェルデマンド・バウアーによる「*Flora Graeca* ギリシア植物誌」で、1806～1841年にかけて10巻に分けて出版された。1786～1787年にかけて、二人は東地中海沿岸を研究調査したが、その結果を公表するまでに50年を要した。しかし努力は報われ、史上で過去最高の植物書としての評価を得た。いずれの頁も見て楽しく、華麗な印刷の各種に、発見した当時の説明が付されている。

これらの植物誌は、手描きの図表を伴った、極めて美しくで魅力的なもので、真の重要性は、記録や歴史的価値だけでなく、生物多様性の記録になっていることである。このような初期の植物誌が、特定の地域や植物種を記録する努力の始まりを示している。そして特定地域における植物種の存在と消失を測る基準にもなっている。植物誌は地球全体に関する知識を披露することに熱心だった、裕福な顧客向けに製作されていたが、21世紀の現在では、地域の植物相の記録として重要な資料になっている。

植物誌の作成は、今日のキューにとっても基本的な作業のひとつである。植物誌によって、我々は一定の地理的地域に生息する植物種（時に、導入種や侵入種を含め）の記録を知ることができる。植物誌の目的は、読者が植物の種を同定できることにある。植物誌は「Flora《フローラ》」と呼ばれているが、花の咲かない針葉樹、コケ類、シダ類も含まれている。

過去の植物誌は大著で、現場で植物を確認するための携帯版もあり

間に合わせのシートを使った、腊葉標本の作製。
1930年、北トランスヴァールにおける探検。

はしたが、結果を精査するためには自宅に戻って原著にあたる必要があった。経済性と利便性の問題から、現代の植物誌はオンラインや電子書籍で、利用者が植物図書館に行くことなく、現場で、携帯端末で植物種の同定が可能になっている。

植物誌の編集はどのような形であれ、18世紀の終わりにシブスロプやバウアーが行った方法に準じている。それは、植物学者が現地を訪れることに始まり、標本を集め、詳細な記録を得ることから成り立っている。特に、失われやすい、生きている状態の色彩を記録することが必要である。さらに、乾燥標本では不明確な植物の成長状況を記録することも重要である。収集された標本はこのように保存され、より正確な解剖学的検討のためにキューに送られる。最後に植物学者は、植物個体が発見された場所と採取日を記録する。

収集植物標本を持ち帰ると、次の仕事が待っている。植物には正確な名前（ラテン語名）を付ける必要がある。植物誌には、このような学名が記載されているが、それらには異名もある。たとえば別の種と考えられていた植物が、後に他の植物の傘下に入る場合もある。名前には、花の色、果実の香り、その植物が好む生育環境などが記されている。

キューのアフリカ乾燥地域班の責任者イアン・ダービシャーは、次のように説明する。「混沌の中から秩序を作っていく。時に不正確な名前や名無しの乾燥標本の山から始めるが、そこには数百の標本があり、決められた方法で、それぞれに正確な名称を与えてある。情報は、現地で活動する、地域の担当責任者、環境学者、植物学者、および研究者に有益な情報を提供していく」

植物誌で扱われる植物は、可能な限り多くの収集品をもとにし、最近の探索で得られた植物だけでなく、17 世紀にまで遡《さかのぼ》る標本も用いられる。植物誌の多くは、選ばれた標本を掲載することで将来の研究者が、その記録を容易に検証できるようにしてある。各植物種に関する詳細な記述に加えて、植物誌には生育地や分布、保護状態、同定時の鍵になる事象も記されている。

「熱帯東アフリカの植物誌」の編纂は、キューで行われた最大の企画《プロジェクト》である。1948 年に始まり、ウガンダ、ケニア、タンザニア 3 ヵ国に生育するすべての植物種を解説し、目録を作るのが目的であった。当初約 7,000 種の収録を見込み、完成まで 15 年かかると思われていたが、この長編叙事詩の完成には 60 年を費やし、12,100 種を収録して 2012 年の 9 月に完成した。製本され出版された時には 263 巻—— 1.5 メートルの棚を占める規模になっていた。この企画には 21 ヵ国から 135 名の植物学者が参加し、編集によって 1,500 の完全に新しい種が加えられた。新種の追加は最後の 4 年間だけで 114 種にもおよんだ。

おそらく、最も生物多様性に富んだ場所である熱帯アフリカは、植物相も豊かで、セレンゲティの草原サバンナからウガンダの熱帯雨林、キリマンジャロの湿原までさまざまな環境が存在する。またの数において

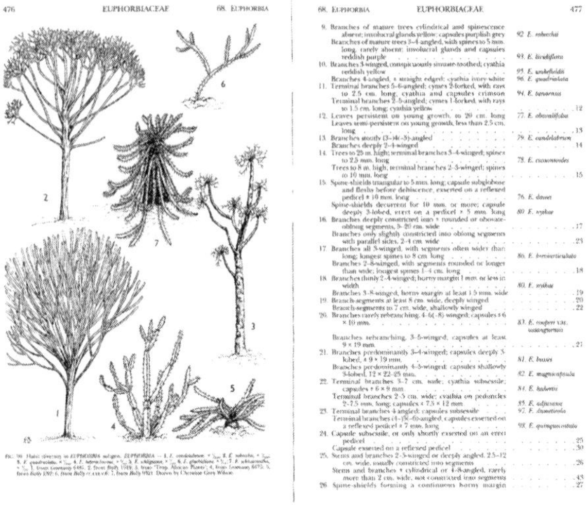
476 EUPHORBIACEAE 68. EUPHORBIA

68. EUPHORBIA EUPHORBIACEAE 477

9. Branches of mature trees cylindrical and spinescence absent; involucral glands yellow; capsules purplish grey . . . 92. *E. robecchii*
Branches of mature trees 3–4-angled, with spines to 5 mm. long, rarely absent; involucral glands and capsules reddish purple . . . 93. *E. lividiflora*
10. Branches 3-winged, conspicuously sinuate-toothed; cyathia reddish yellow . . . 95. *E. wakefieldii*
Branches 4-angled, ± straight edged; cyathia ivory white . . . 96. *E. quadrialata*
11. Terminal branches 5–6-angled; cymes 2-forked, with rays to 2.5 cm. long, cyathia and capsules crimson . . . 94. *E. tanaensis*
Terminal branches 2–5-angled; cymes 1-forked, with rays to 1.5 cm. long; cyathia yellow . . . 12
12. Leaves persistent on young growth, to 20 cm. long . . . 77. *E. obovalifolia*
Leaves semi-persistent on young growth, less than 2.5 cm. long . . . 13
13. Branches stoutly (3–)4(–5)-angled . . . 79. *E. candelabrum*
Branches deeply 2–4-winged . . . 14
14. Trees to 25 m. high; terminal branches 3–4-winged; spines to 2.5 mm. long . . . 78. *E. cussonioides*
Trees to 8 m. high; terminal branches 2–3-winged; spines to 10 mm. long . . . 15
15. Spine-shields triangular to 5 mm. long; capsule subglobose and fleshy before dehiscence, exserted on a reflexed pedicel ± 10 mm. long . . . 76. *E. dawei*
Spine-shields decurrent for 10 mm. or more; capsule deeply 3-lobed, erect on a pedicel ± 5 mm. long . . . 80. *E. nyikae*
16. Branches deeply constricted into ± rounded or obovate-oblong segments, 5–20 cm. wide . . . 17
Branches only slightly constricted into oblong segments with parallel sides, 2–4 cm. wide . . . 23
17. Branches all 3-winged, with segments often wider than long; longest spines to 8 cm. long . . . 86. *E. breviarticulata*
Branches 2–8-winged, with segments rounded or longer than wide; longest spines 1–4 cm. long . . . 18
18. Branches thinly 2–4-winged; horny margin 1 mm. or less in width . . . 80. *E.*
Branches 3–8-winged, horny margin at least 1.5 mm. wide . . . 19
19. Branch-segments at least 8 cm. wide, deeply winged . . . 20
Branch-segments to 7 cm. wide, shallowly winged . . . 22
20. Branches rarely rebranching, 4–6(–8)-winged; capsules ± 6 × 10 mm. . . . 83. *E. cooperi* var. *ussanguensis*
Branches rebranching, 3–5-winged, capsules at least 9 × 19 mm. . . . 21
21. Branches predominantly 3–4-winged; capsules deeply 3-lobed, ± 9 × 19 mm. . . . 81. *E. bussei*
Branches predominantly 4–5-winged; capsules shallowly 3-lobed, 12 × 22–25 mm. . . . 82. *E. magnicapsula*
22. Terminal branches 3–7 cm. wide; cyathia subsessile; capsules ± 6 × 8 mm. . . . 84. *E. heterochroma*
Terminal branches 2–5 cm. wide; cyathia on peduncles 2–7.5 mm. long; capsules ± 7.5 × 12 mm . . . 85. *E. adjurana*
23. Terminal branches 4-angled; capsules subsessile . . . 97. *E. dumeticola*
Terminal branches (4–)5(–6)-angled, capsules exserted on a reflexed pedicel ± 7 mm. long . . . 98. *E. quinquecostata*
24. Capsule subsessile, or only shortly exserted on an erect pedicel . . . 25
Capsule exserted on a reflexed pedicel . . . 30
25. Stems and branches 2–5-winged or deeply angled, 2.5–12 cm. wide, usually constricted into segments . . . 26
Stems and branches ± cylindrical or 4–8-angled, rarely more than 2 cm. wide, not constricted into segments . . . 43
26. Spine-shields forming a continuous horny margin . . . 27

「熱帯東アフリカの植物誌」より、
12,100 種を掲載する最大規模の植物調査記録。

も、非常に多い地域だが、これら固有種の保護は緊急性を要した。この地域からの消失は、地球上からの絶滅を意味するからである。この計画が始まった1948 年には、東アフリカに関して、生育植物のリストすらなかったのである。

結果として、植物誌はその地域への関心、研究、保護を推進する上で強力な手段となる。東アフリカ植物誌計画の前責任者ヘンク・ビーンジェは、タンザニアの特定の丘でしか見られない種を含む、希少種に関して「植物誌があって初めて、種に名前が付き、情報交換ができる。植物誌がなければ、科学的研究自体が不可能である」と述べている。イアン・ダービシャーは「情報がなければ、地域の植物種総数も、最も多様性に富んだ場所も、何が貴重で、絶滅が危惧されているのかもわからない。効果的な保護活動も、保護の優先順位も決められない。また危険な侵入植物についても最初にどこで発生し、どこに広がっているのかを調査する必要がある」と付け加えている。

建設業や鉱業などの大会社と保護について話し合う際にも、植物誌の存在は重要である。ヘンク・ビーンジェは以下のように述べている。「東アフリカでは、多くの開発事業が行われている。したがってすべての植物種に関する資料が必要である」。ナイロビを拠点に活動する、ケニア国立博物館所属の自由契約植物学者で、キューの名誉会員クエンチン・ルークは、次のように説明している。「私が行っているのは、鉱山開発、道路建設などあらゆる種類の開発における環境評価である。植物誌が存在しない地域では、まったくの手探りで植物標本を集めなければならない。開発現場に保護対象となる植物が存在することを示せば、会社側も何らかの手段を講じる必要性を感じてくれる」

植物誌には驚きもある。セントポーリア（アフリカスミレ）は、アフリカを象徴する種だが、イギリスでは室内装飾用の鉢植えとして非常に人気がある。商業的に園芸種が栽培され、年間7,500万ドル（4400万ポンド）の市場があるが、その多くは交配種である。植物学的には*Saintpaulia*として知られ、世界的にも最も経済的に重要な植物のひとつである。イアン・ダービシャーは、上記の植物誌作成に関わったメンバーのひとりだが、自然界における対照的な状況について、次のように述べている。「*Saintpaulia*は10種以下しか存在せず、その多くが絶滅に瀕している。ケニアからタンザニアが原産だが、非常に希少で、低地の森林に極小さな集落を作っているだけである。アフリカでも、最も種が豊富な森の植物として、この地域で保護が必要な植物種の代表である」

「植物誌を完全に完成させたことがあるか？」の問いに対して、ヘンク・ビーンジェの答えは明快である。「いいえ、常に情報の更新が必要である。植物誌が発行されると、人々はそれを利用して、新しい記録、時には新種の発見に至る。東アフリカでは今でも新種の発見が続いている」

忘れられた植物に関する情報もある。植物の地域名は頻繁に忘れられ有用な薬用植物に関する情報を収集している、民族植物学の専門家

植物画家ルーシー・T・スミスの手による
アフリカの *Solanum phoxocarpum*。

でも同じである。新しい植物誌の特徴は、インターネット上で関連する他の情報を得やすいことである。

今日キューは、インターネット上での植物情報の普及を応援している。その目的は、キューが所有する植物学の専門知識と技術を、広く利用できるようにすることである。たとえば「*Flora Zambesiaca*」はザンベジ川流域全体（ザンビア、マラウィ、モザンビーク、ボツワナ、ジンバブエを含む）の植物誌で、インターネット上で閲覧することができる。こうした植物誌のデジタル情報化技術の開発には、有名なオランダ・ライデン植物園の「*Flora Malesiana*（インドネシアからパプアニューギニアに至る東南アジアを包含）」などとの共有化も推進している。キューは他の国際的研究機関とも協力し、世界的な植物誌を2020年までに完成させる計画をもっている。

しかし、植物誌に用いるイラストのように変わらぬ技術もある。インターネットや携帯端末が遠隔地で使用できるようになっても、写真は素描の代わりにはならず、植物画家は植物誌作成に欠かせない存在である。

キュー所属の植物画家のひとりルーシー・スミスは、顕微鏡を使用して取り組んでいる新しい草の標本の仕事を例にして、次のように説明している。

「大きなマクロの目から、微細なミクロの世界まで観察する。まず植物の『習性』について表現することから始める。多くの葉をもち、花や果実の付いた木や潅木でも、一片の草でも同様で、根、根茎、茎、葉がどのように付いているか、植物全体を描写する。花についても同様である。そして植物の習性を観察し、花がどこから現れるかを拡大して調べる。草の葉鞘を覆う葉の付き方も拡大する。種の同定に重要な花についても、それを取り囲む小花や包葉の詳細を観察する。小花の中には非常に小さなものもあり、ここで観察しているものは、長さが約5ミリメートルしかない」。植物画家が挑戦する仕事が明快に述べられている。「画家の技量は、ここキューで磨かれる。多くの標本は、現地で圧縮されたものであり、最良の状態で持ち込まれたものではない。葉は折り重なったり、皺が寄ったり、時には破損している。このような標本から、その植物が生きていた時の状態を復元するのは、画家の技量が問われるところである」

このような注意深い編集作業は、植物の視覚的資料作成のために、植物画家が必要とされる理由のひとつである。「植物の本質的ではない細部まで描く必要はないが、重要な部分、見るべき部分については、焦点を絞って強調する。編集も行うが、鍵となる性質がどこにあるか、その部分は鮮明に描写する。写真では、植物の生きている一面しか表現できない。素描画では１枚の紙の上に、異なった部分部分を描くことができ、複数の拡大・縮尺ですべてを表すことができる」

21世紀のキューが変化していく中で、この美しく伝統的な手法は、最新の植物誌作成においても中心的役割を果たすことであろう。世界的な植物誌が完成した時、植物画家の手によるイラストは、その中心的存在として賞賛されるにちがいない。

18

風が吹けば……

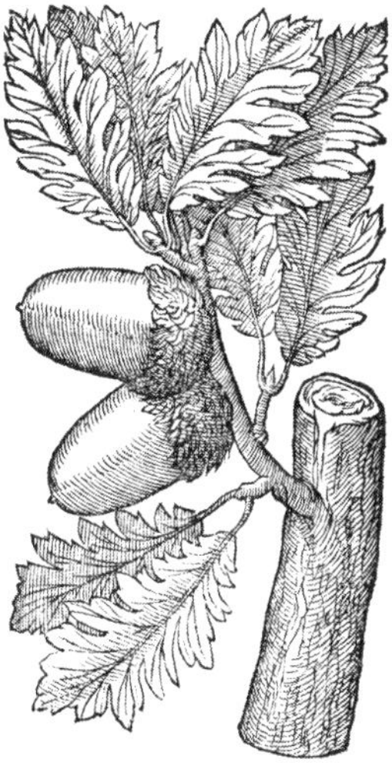

嵐の後、キューに到着した新しい木。

1987年10月16日の早朝、南イングランドを台風が襲い、時速110マイルを記録した突風は、1,500万本の木々を数時間の内になぎ倒した。しかし、キューにある1本の樫《オーク》は倒木を免れ、そのことが、植樹や樹木の手入れに関する考え方を変化させていくことになる。

ターナー・オーク（*Quercus* x *turneri*）は、*Quercus robur*（イギリス・オーク）と *Quercus ilex*（セイヨウヒイラギカシ）の交配種である。ターナー・オークの名前は、キューの養樹係が1783年に付けたもので、この養樹係は、キューの設立者であるオーガスタ妃が1798年に、この樹を現在の場所に植樹するのを手伝った。その場所は、1861年にサー・ウイリアム・フッカーが湖を作った場所に近く、後年、有名な息子ジョセフによって水辺の植樹が追加された。

ターナー・オークの大きく広がった枝は、200年以上もキューの訪問者に憩いの場所を提供してきた。しかし、台風の暴風雨と暗闇の中で、この古い樹が根本から持ち上げられ、倒木寸前まで揺らぎ、垂直にもとの場所に収まるのを見た者はいない。

夜が明けて、700本以上の樹木が倒れ、根が嵐後の冷たい空気に曝されているのが明らかになった。この大量倒木に直面して、ターナー・オークは他の瀕死の樹木に比較すると良好な状態を保っていた。その根囲いされたターナー・オークを目前にして、キューのトニー・カークハムは語っている。「台風の到来前はターナー・オークは元気がなかった。枝葉は薄く、幹や根本からは吸根が蔓延《はびこ》り、ストレスの兆候を示していた。枯死に近い状況だったので、いずれ伐採するつもりだった。一方、700本の処理に3年を要したが、その間にターナー・オークは再生し、健康な状態になった」

飛び散った破片を精査してみると、200 年にわたってキュー訪問者が憩っていたターナー・オークの根本は、誰も気づかない問題を抱えていた。「それは根の密集で、台風によって、一夜にして密集が解かれたのだ」とカークハムは説明する。「非常に強く、根が揺さぶられたので、その結果、土壌に隙間ができ、空気と水が供給された。この樹は台風によって三度目の成長を始めたのだ」

700 本におよぶ樹木の突然の倒壊は、キューに生育する無数の植物種の根に関する調査のきっかけとなった。明らかになった事実のひとつは、根の張りが浅いこと。「地上部と同等の地下部がある」という従来の説とは異なり、温帯樹木の根は 1 メートル程度しかなかった。

根を引き起こしてみると、キューの樹木の大半は根詰まりを起こしていた。トニー・カークハムは運動競技場で空気の注入に使用されていた機器を導入した。「現在では AirSpade と呼ばれる機器を用い、1987 年の台風の効果を優しい方法で模倣して、地中に圧搾空気を送り込んでいる。この機器を用いると、根を傷めることなく土壌を粉砕し、圧縮された地面に空間を作る。大半の樹木はこの処置に反応し、現在では世界中の樹木栽培家が使用している」

根の調査から、キューにおける植樹では、四角い穴を用いるようになった。「以前は、誰もが丸い穴に植樹していたが、樹の根張りは強くなく、揺らしてやる必要があった」、とカークハムは説明する。「丸い穴に植樹すると、根は螺旋状に成長し、外側に広がらないことがわかってきた。そこで、四角い穴を用いることにした。根にとっては四角の四隅が新根を出しやすく、そこから外側に根が張り出せる。四角い穴なら、四方向へ根張りが期待できる」

多くの樹の根が、一度にあらわになったことで、根張りが浅いにもかかわらず、樹が直立している理由が明らかになった。「樹には風が必要なのだ」とカークハムは主張している。「我々は風に対して悪い印象をもっていたが、樹は風によって曲がることで、まっすぐに立っていられるの

700本の倒木は、根の状況を知る上で、
貴重な機会を与えてくれた。

だ。以前の植樹では、樹が動かないように支柱を立てていたが、それでは、強い根張りは形成されない。すべてはバランスの問題である。今年、200本の植樹を行ったが、支柱は1本も立てなかった」

1987年の台風は、キューに対して有益な自然の掃除を行ってくれた。一世代に一度のこの機会に、植物園内の樹木の長期的な構成について評価報告がなされ、キューおよび、マーク・フラナガンが管理していたウエストサセックス、ウエイクハーストの465エーカー（1.9平方キロメートル）の所有地における樹木に不足が指摘された。この2ヵ所では、再植樹に当たって異なった目標が設けられることになった。

ウエイクハーストでは、植物地理学の原理に基づいた計画が進行中で、基本的に、地理学的原産地と分布に従った植栽が行われてきた。これはダーウィンとともに自然淘汰の原理を発見し、地理学的な種の多様性について研究したアルフレッド・ラッセル・ウォレスの考えによるも

キューにおける植樹。
その穴は四角に掘られている。

のである。「世界地図を作っているようなもの」と、地球上の森林を散策している気分にさせてくれるとカークハムは説明する。「ウエイクハーストでは、アメリカ、メキシコに下り、台湾へと渡り、世界中を廻って各国の樹木を見ることができる」

ウエイクハーストにおける地理学的植栽は、それ自体、新しいものではない。1987 年の台風以前には、ゲラルド・ロダーによって、1902 〜 1936 年の間に設立された「南半球庭園」や、1965 〜 1987 年に植栽されたアメリカ、アジア、ヨーロッパなどを代表した大陸庭園が、同様の配置を採用していた。

庭園の目玉にはアジア原産のカバノキ類、南ブナの一種などがあり、後者は世界的に絶滅が危惧される *Nothofagus glauca* と *N. alessandrii* が含まれる。イギリスで最も貴重な樹プリマス梨（*Pyrus cordata*）や珍しい小型のナナカマド *Sorbus*、ヨーロッパ産ウラジロなどもある。

1987年以降、庭園は「氷河期を生き残った植物や、植物の共進化など、地殻変動に伴う生命史を意識した、より洗練された植栽」を発展させたと、ウエイクハーストの責任者アンドリュー・ジャクソンは語っている。これはアルメニアの植物学者アルメン・タクタジャンの著書「世界の植物相」に触発されたもので、彼は1991年に、ウエイクハーストの新しい植栽を見に来ている。

キューのカークハム同様、ジャクソンも、特に、新種の導入など、ウエイクハーストは巨大台風の恩恵を受けたと信じている。「世界の温帯地域からの植物導入は、台風到来後、単独のものとしては最大級であろう。新しい植物群は、中国、日本、パキスタン、オーストラリア、ニュージーランド、アルジェリア、チリ、メキシコ、アメリカ、カナダ、ロシア、北アフリカ、およびトルコから到来した。その大半は、キューの園芸部門の職員が行った」

ウエイクハーストの地理学的植栽とは対照的に、台風後のキューでは、19世紀のジョセフ・フッカーによる分類が復活した。これは、ジョージ・ベンサムとの共著「*Genera Plantarum*」に収録された、7,569属、約100,000種の種子植物（その大半はキューの標本室に収蔵）によるものである。19世紀の方法論が、被子植物系統発生学グループの分類法（APG III、カークハムによればフッカーの考えに近い）に統合され、DNA分析を用いた、現代の研究と融合して、植物間の進化（21章参照）の過程を明らかにしようとしている。「我々は植物園本来の使命を、伝統と科学の間で保持している」

ウエイクハーストとキューの双方における、台風被害後の進展として、植物収集があげられる。「それまで、やや疎外地域だった、台湾、韓国、極東ロシア、中国などから集中的に植物探査が開始された」とカークハムは語る。「日本やコーカサスなどにも再度注目した」

最近のキューにおける植物採集の目的地は、必ずしも遠隔地ではない。カークハムの購入項目には、*Sorbus lancastriensis*（ランカスターウラジロ）のようなイギリスの樹木も含まれている。「我々が、良質な標本を得られない間に、カンブリア州の各地では2,000種におよぶ植物種が育っていた。中国にも行くが、自宅の玄関の前にも、素晴らしい樹木が生育している。自然の森に行けば、多くを学ぶことができる」とカークハムは強調している。「どの樹が何を求め、どのように生長するのか、樹木がどのように吸収し、水辺に生長するのか否か。心に留めるべきである」

より注目すべき、台風後の変化として、200万年前に絶滅したと考えられていた樹が、移植されたことである。以前には、化石としてのみ記録されていたウオレミ松（チリ松を含む、古代の針葉樹、ナンヨウスギ科の仲間）は、100株の *Wollemia nobilis* が1994年にオーストラリア、シドニーから約100マイルのウオレミ国立公園内の温帯雨林で再発見された。

1997年、巨大台風襲来の10年後、シドニーの王立植物園はウオレミ松の苗木2本と30粒の種子をキューに送った。種子は、ウエイクハーストの種子保管庫に収められたが、苗木は生長し、2005年にサー・デビッド・アッテンボロウによって、その1本がキューに植樹された。これは、オーストラリア以外の地で移植された最初の樹で、もう1本は、ウエイクハーストの南半球庭園に植えられた。

2本とも順調に成長して、健康な若木となり、キューの科学者に生きている樹の化石の研究機会を与えている。ウオレミ松は世界的に数が少ないこともあり、雄株、雌株の球果と繁殖力、遅い成長性、長寿などを除いて、その詳細は不明である。オーストラリアには500～1000年を経たと推定される株が存在する。キューの訪問者は、遠い将来の姿を想像して、この松の苗木を庭園の売店で購入することができる。

樹木愛好家にとって、ウオレミ松の生長は、長期間にわたる事業だが、カークハムが植物園を歩きながら語るように、巨大台風は、時間的な釣り合いを提供してくれた。「90％の樹木は、1987年以降に行われたものだ」と彼はよく整備された並木を指して語っている。「これは、古い植樹に対する反証で、我々は常に、次世代のための植樹を行うべきなのだ」

1987年の台風は、明らかにキューにとって知識と、新しく広い思考様式を提供した。1845～1846年に造園家ウイリアム・アドリュー・ネスフィールドによって設計された広い散歩道、120の噴射口をもつウスターシャーのウィットリー・コート噴水、キュー北側のウエールズ大公噴水、ハワード城の庭園などがその例である。広い散歩道は、すぐにキューの象徴的なとおりになった。しかし、ネスフィールドが最初に植えたヒマラヤスギ（*Cedrus deodana*）は、ロンドンの大気汚染と乾燥した土壌のために失われた。20世紀になって、代わりに植えられた大西洋スギ（*Cedrus atlantica*）も同じ運命を辿った。さらに、北アメリカユリノキ（*liriodendron tulipofera*）もうまく育たなかった。

2000年になって、台風の結果得られた知見をもとに、ユリノキは2本を残して除かれ、モロッコのアトラス山脈からキューの環境に適した大西洋スギ16本が持ち込まれた。これらの樹は現在のところ、ネスフィールドの計画に沿って繁茂している。「1987年の台風の結果から得られた刺激があって、初めて、これらの変化が起こった」とカークハムは述べている。古いことわざに「どんな風でも誰かには幸運を運ぶ」と語られている。

19

命のカプセル

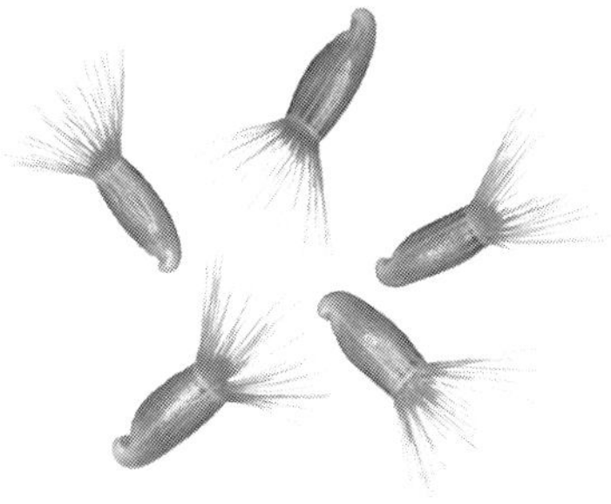

ヘラオオバコ(*Plantago lanceolata*)の種子。

種子は、発芽する命のカプセルである。さまざまな大きさ、形、色などは、特定の環境下で生存するために、何百万年もかけて、植物が適応した結果である。気温、湿度、火、菌根共生カビの存在など、特定の条件が整えば、種子は発芽して成長していく。ミレニアム紀種子銀行事業計画（MSBP）の種子形態学者のウォルフガング・スタッピーは、この分野に関して熱心に取り組んでいる。

「種子は、植物の生活環と何千年にもわたる進化の過程を示している。種子が変化を遂げられなければ、その種は絶滅していたはずである。したがって今日、目にする植物のすべては、自然環境に適応してきたことになる。しばしば驚くような変化を遂げた種子に出会うが、それこそが、自然との出会いなのだ」

MSBP は世界に約 1,750 ある種子銀行のひとつである。14 章で述べたように、世界で最初の種子銀行は 20 世紀の初めにロシアとアメリカで設立された。ニコライ・ヴァヴィロフのような種子採集者は、何百年にもわたる、農民による交配種の選択は、徐々に種子中の遺伝的多様性を減少させたことから、多様性維持のためには野生の近縁種との交配が必要と考えていた。1980 年代までに、この心配は、樹木の伐採、都市化、および人類が作り出した気候変動によって、野生種の生存問題にまでおよぶようになった。1992 年にリオ・デ・ジャネイロで開催された、「環境と開発に関する国際連合会議」で採択された、生物の多様性に関する条約の第 9 号では、条約加盟国に対して自然条件下で、原位置での生物多様性の保存に加え、自然界外部での保存も義務付けた。種子銀行の取り組みは、自然界外での遺伝的要素保存の取り組みの一環である。

現代の種子銀行は、個人の植物園にある小規模の施設から、国際的な収集計画まで幅広くある。スヴァールバル国際種子貯蔵室は北極圏の山の地下深くに建設され、世界中の、同様の作物種子保管所の標本を重複して保管している。一方、MSBP では食用、非食用両方の野生種の種子を保存している。2020 年までには固有種を優先して、世界の植物種子の 25% を収集する計画をもっている。

「植物は食物連鎖の底辺に位置し、人類を頂点とするすべての生物に食料を供給する」と、MSBP の責任者ポール・スミスは語っている。「植物は、土壌の形成と栄養素の循環に貢献し、我々に住居、医薬、燃料を供給する。それにもかかわらず、ミレニアム生態系評価（2001 ～ 2005 年に行われた地球規模の生態系に関する環境評価）では、すべての植物種中の 4 分の 1 ないし 3 分の 1、すなわち 60,000 ～ 100,000 種が絶滅の危機にあるとされている」

種子銀行では植物の子孫を保存する目的で、2 タイプの種子の保存を行っている。ひとつは 70 ～ 80% の植物が生産し、通常の種子のまま乾燥に耐えうる種子で、これらの種子は一般に小型で、発芽まで、環境下で長く待ち続けるように設計されている。MSBP では通常種子は乾燥させ、零下 20℃で凍結保存し、代謝を抑制しながら生命を維持させている。凍結前に乾燥させることが重要で、水分が残っていると、氷結した時に種子の細胞を破壊してしまう。

残りの 20 ～ 30% は、抵抗性種と呼ばれ、保存が困難な種子である。一般に大型で、外皮が薄く、すぐに発芽する傾向がある。この種の種子は、熱帯雨林のような湿った環境に生育するが、樫やトチノキもこの仲間である。この種の種子を乾燥させると、死んでしまう。そこで MSBP では、注意深く胚を切り出し、氷結を抑制する化学処理を施してから零下 196℃の液体窒素中に保存する。胚を再生させる場合には、本来種子や環境が提供する栄養源を加える。

種子は、非常に長く生きる。最も古い種子からの発芽例のひとつは、イスラエルのマサダから出土したマメガキの種子で、2,000 年前のもの

キュー・ミレニアム種子銀行地下の種子保存庫の入口。
500 年間保管できるように設計されている。

であった。MSBPが管理する種子で最古のものは、200年前に実ったものである。それらは、1803年に南アフリカのオランダ東インド会社から、オランダ商人ジャン・ティアーリンクによって収集された。彼は、40個の紙袋に種子を詰め込み、赤い革製の紙入れに入れて、ケープ・タウンからヘンリエッタ号に乗船してオランダを目指したが、途中でイギリスに捕らえられてしまった。ティアーリンクは解放されたものの、積荷や書類は没収され、種子の入った紙入れもロンドン塔に送られてしまった。その後、キューに程近い公文書館に移され、2005年にオランダの研究者が再発見するまで、そこにあった。種子標本を生育させたところ、*Liparia villosa*、*Leucospermum conocarpodendron* および *Acacia*（アカシア）の仲間が発芽してきた。*Acacia* と *Leucospermum* は現在も生育し、後者は1メートルほどで元気に茂っている。

MSBPの貯蔵庫にある、最も古い種子は約50年前のものである。化学者は、保存標本について、10年ごとに、その発芽能力を確認している。また、種子ごとに「老化加速試験」を行い、各種子の寿命を確認している。この試験では、吸水させた種子に、高温多湿などの刺激を与える。この方法で「種子の生存曲線」を作成し、将来の特定時期に、どれだけ発芽するかを予測する。予測された寿命は、同じ条件下で寿命が決められた標準種子と比較される。

「多くの農産物に対しても、この試験は行われる」とスミスは語っている。「砂糖大根の種子は、10,000年生きると予測されるが、レタスの一種は数百年しかもたない。主要作物の種子は、一般に長寿命なのは幸いなことである。しかし、比較的寿命の短い種子も存在し、その理由と対処方法を検討している。胚の小さな温帯植物の種子は、寿命が短い傾向があり、数千年ではなく数十年しかもたない」

有用な植物の種子について、その性質と寿命を知ることは大切である。エコシード（Ecoseed）計画では、作物の生育環境がその種子に与える影響を調べている。ヒマワリ畑の水供給を遮断して育てたヒマワリか

20 億以上の種子が、種子保存所のガラス容器に収められている。
最も古いものは 40 年経っている。

ら採れた種子について、発芽率、大きさ、寿命などを調べている。「生育環境の変化が、種子の遺伝的な性質に影響するかどうかを調べる」と MSBP の種子保存部の研究責任者ハグ・プリッチャードは説明する。「その結果は、恐ろしいものになるかもしれない。気候変動が種子の性質を劣化させているかもしれないのである」

気候変動が植物に与える影響を予測するのは困難である。従来の予想では、山地の種は気候変動に対応して、より高い場所に移動して生存すると考えられていたが、結果的には減少し、それらの種にとって、より高い場所はないことが判明した。一方、キューの調査では、サルデーニャの野生のブドウ（*Vitis vinifera sub. Sylvestris*）は、高い場所にある個体の方が、数百メートル低い場所に生育するものよりも、影響を受けがたいことが明らかになっている。これはブドウの種子が、その休眠から覚めるためには、冬の冷たい環境が必要だからである。冬季の気温が十分に下がらなければ、春の自然な発芽は抑制されるであろう。山の高地では気温が下がるため、従来と変わらぬ発芽が見られるのである。

気候変動に加え、森林伐採や都市化が地球上の生態系に影響を与えている。キューの重要な役割は、影響を受ける地域において、以前からの生物多様性を保持することにある。キューが多方面の協力者と進めている企画も、その一例である。1,500年前、世界で最も乾燥した地域のイーカ谷は、富養でフアランゴ（*Prosopis limensis*）が繁茂し、牧草と食料を提供していた。その特別に長い根（時に50メートルにおよぶ）は、深部の地下水を吸収し、乾燥環境に耐えていた。コロンブス到来以前のナスカ時代には、その木々は侵食を防ぎ、その茂みは、砂漠の猛暑を和らげていた。その後、ナスカは、農業生産のために、それらの木々を伐採した。開発が限界を超えると、生態系は崩壊し、ナスカは、エルニーニョの洪水と、猛烈な砂漠嵐の土地になった。

ペルーでのフアランゴの植樹

長年、ナスカの砂漠の地上絵は、かつての市民生活繁栄の名残りだったが、今日、イーカ谷のフアランゴは再生し直している。キューから派遣された科学者のチームは、ペルーでフアランゴの種子の発芽と関連する植物種再生に必要な手順を開発し、その知見を地域共同体と共有し、国立イーカ大学（UNICA）の農地管理学部に育苗所を設立した。毎年、約10,000本の原産木や潅木の苗を生産し、砂漠に植樹することで、イーカ谷の70万人の住民に食料、材木、燃料を提供している。

種子は、過去の生態系に対する、驚くべき情報を提供してくれることがあり、それは生育環境の再生に有効なことがある。生育環境の変化に比較して、植物の進化の速度は遅いため、生態系に関わる種子の性質は、数万年前のものが保存されている場合がある。

生成計画に当たっては、種子の散布に関わる条件が特別に重要である。たとえばラフレシアである。東南アジアの熱帯雨林に生育するこの植物は、世界最大の花を咲かせることで知られているが、直径15センチメートルのグレープフルーツのような果実については、よくわかっていない。

「この果実が何が運ぶのか、報告論文を見たことがない」とウォルフガング・スタッピーは語っている。「ネズミが果実を齧るところを見たので、ネズミが運ぶと考える者もいるが、あらゆる種類の動物が果実を食べるので、それが運び屋とは限らない。ラフレシアの果実は、酵母臭のする柔らかな果肉を有しているが、この種の果実は、アフリカの象の生息域に特徴的な果実である。象のような哺乳類は、色を見分けることができないが、嗅覚は非常に鋭く、私は即座に、アジア象によってこの果実が運ばれると直感した。この象は絶滅危惧種で、ラフレシアの見つかる場所には、もうめったに現れない。そのような環境を再生するには、人間が介入して、植物種の保存を行うか、あるいは象に戻ってきてもらうしかない」

これは、決して突飛な話ではない。アフリカで、象がいなくなった地域を調査した研究者によると、象に種子の散布を依存していた植物の個体数は、結果的に減少したそうである。象が運ぶ果実は、一般に果肉が少なく、種子が大き過ぎて、他の動物には食べられないものである。ひとつの例として *Balanites aegyptiaca* の果実は、砂漠ナツメヤシとしても知られるが、象がいなくなったことで、その個体数は 95% も減少してしまった。

少数の、分散しなかった *Balanites* の種子は、象がいなくても発芽するが、苗木の生存率は 16% にすぎない。象の存在が、効率的な現存個体の世代交代と、新たな個体の増殖に必要なのだと思われる。この研究は、植物の種子の拡散方法には、植物の荒廃に関わる重要性が隠されていることを示している。

スタッピーは、最後に以下のように述べている。

「種子は、植物の生涯でただ 1 回の移動手段である。それ故、種子は、その運搬手段である、風、水、動物、人間などに対して、特別に適応しているのだ」

20

有用な雑草

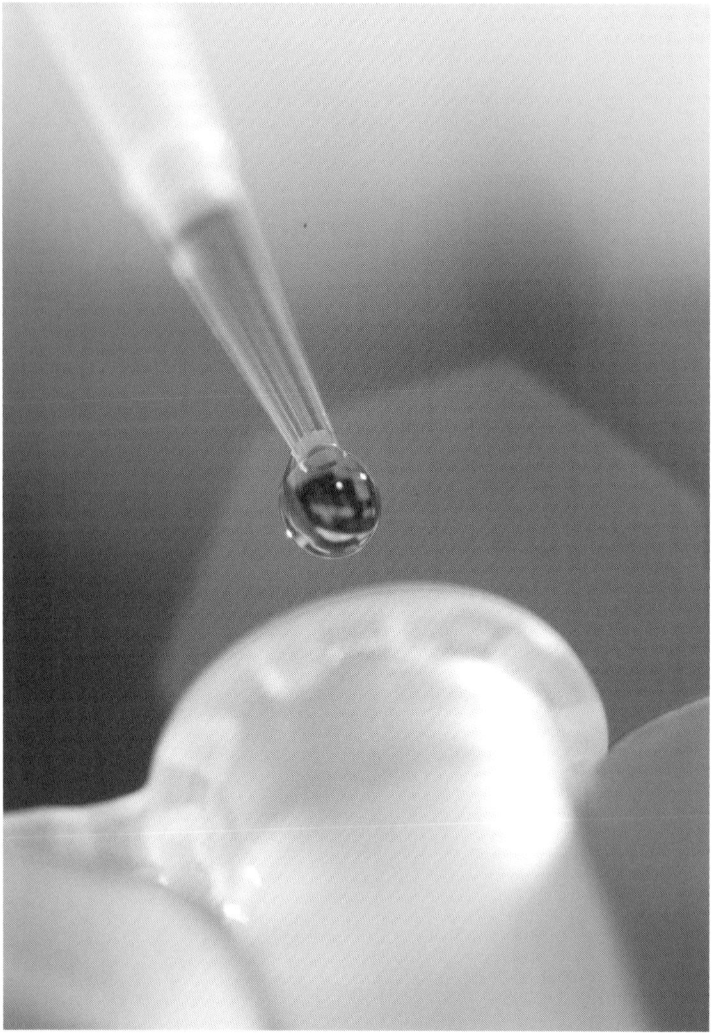

分析用に調製された、
植物 DNA のサンプル。

一見すると、*Arabidopsis thaliana*（シロイヌナズナ）は微細な花を付けた雑草にすぎない。しかし、この目立たない緑の物体は、植物遺伝学におけるロゼッタ・ストーンになった。2000年、植物として最初に、全遺伝子配列が決定、すなわち染色体中の全DNAが分析されたのである。

この遺伝子情報の解読は、細胞内で行われている分子の処理に光を当て、多くの植物の特性基盤を明らかにするとともに、その制御方法の生きた指針を解明した。特に*Arabidopsis*に関する研究は、遺伝子操作（GM）作物の基盤を作り、科学者が、従来の交配法に比較して、新しい性質を速く正確に導入する方法を発見した。

この緑の革命の星は、19世紀、メンデルが植物の遺伝についての草分け的仕事に用いたエンドウ豆と同様に、目立たない存在である（10章参照）。一般には、ニワハタザオとして知られる*Arabidopsis thaliana*は、さまざまな環境下に広く生育している。ヨーロッパ、アジア、北西アフリカ原産で、キャベツや二十日大根などと同様に、アブラナ科（*Brassicaceae*）の仲間で、岩場、砂丘や他の砂地、空地や線路脇のような荒地で見ることができる。

その名前の変遷は、過去数百年間に、植物の命名慣習が移り変わったことをよく反映している。ドイツ人医師ヨハネス・サール（Thal）が、1577年に北ドイツのハルツ産地の森林で、この植物を最初に記録し、カール・リンネは発見者の名をとって、*Arabis thaliana*と名付けた。1842年、ドイツの植物学者グスタフ・ヘインホールドは、この植物を新たに設けた属*Arabidopsis*に分類した。*Arabidopsis*は、ギリシア語で「*Arabis*に似た」という意味である。

1907年、ドイツの科学者フリードリッヒ・ライバッハは、この植物を正確に観察し、5 本の染色体を見出したが（数え間違えて 3 本とした者もあった）、それは当時知られていた奇数染色体数の中で最小であった。この発見にもかかわらず、ライバッハは、*Arabidopsis* の染色体数が少ないことに失望した。彼は、より多くの染色体を有する植物の研究を望んだのである。そこで、その後の 30 年間は、彼の関心は他の方面に向けられ、*Arabidopsis* に戻ったのは 1937 年のことであった。

1943 年、ライバッハは、*Arabidopsis thaliana* が、顕花植物の科学的研究におけるモデル生物になることを示唆した。それは、成長速度（発芽から結実まで 6 週間）、交配種や突然変異体の創出が容易であることなどが理由である。1945 年、彼の学生だったエルナ・レインホルツは、彼女が作製した *Arabidopsis* の突然変異体に関する博士論文を提出した。この突然変異体の作製には、エックス線照射による突然変異生成（当時としては SF 小説のような技術）が用いられ、細胞中の遺伝情報を変化させて、変異種が作製された。

彼女の突然変異形成は、早咲き種から遅咲き種を作り出し、後に GM 作物の発展に寄与する、遺伝子操作の先駆的実例となった。奇妙なことに、レインホルツの論文を全文出版・配布したのはアメリカ軍であった。アメリカ軍は、論文名「レントゲン - 突然変異」（エックス線照射による突然変異の意味）から、ドイツの原子爆弾製造計画の証拠を握ろうとしたのであった。

1950 年代および 1960 年代、遺伝学者のジョン・ラングリッジとジョージ・レディーの仕事から、植物遺伝学上のモデル植物として、対抗馬のペチュニアやトマトと比較して *Arabidopsis* の有用性が脚光を浴びた。しかし、*A. thaliana* が主役の座を守ったのには、動物の研究における、二十日鼠とショウジョウバエ（*Drosophila*）の関係のように、複数の要因があった。

第一に、*Arabidopsis* の広い地理学的分布と多様性が、環境への適応方法を調べる上で最適であった。また成長が速く、形が小さいことも、研究室で育てるのに適していた。より技術的な観点からは、*A. thaliana* は、顕微鏡観察に適し、若い苗は半透明で、その根は生細胞の観察に便利であった。

この植物の比較的小さな遺伝子群は、他の植物に比較して、その遺伝子解析を容易にし、最新の概算では、*Arabidopsis* の遺伝子サイズは、核当たりの DNA 量（C-value）が 157 メガ・ベースペア（Mb）とされている。ベースペアは、二本鎖、二重らせん構造で構成要素が対になっている DNA 量を表す単位である。当初 *Arabidopsis* の遺伝子サイズは、顕花植物中最小と考えられていたが、現在では、食虫植物の *Genlisea margaretae* の遺伝子サイズが *Arabidopsis* の半分以下であることが明らかとなっている。一方、現在知られている、最大の遺伝子群は、華麗で希少な日本の美しい花 *Paris japonica* で、その DNA 量（C-value）は 148,880 メガ・ベースペア（Mb）で、*Arabidopsis* の 948 倍以上になっている。「その大きさは、引き伸ばすと、ビッグ・ベンの高さより長い」とキュー・ジョドウェル研究室の植物遺伝学者イリア・レイチは述べている。

1980 年代の進展により、モデル生物としての *Arabidopsis* の価値が確認された。1983 年に、この植物の詳細な遺伝子地図が公開され、3 年後には全塩基配列が決定された。その後 10 年間の実験によって、*A. thaliana* は、特別に調製した細菌（*Agrobacterium tumefaciens* アグロバクテリウム）を用いた遺伝子導入に、非常に敏感であることがわかってきた。この細菌は、通常の土壌細菌に遺伝子操作によって、特定の DNA を搭載させ、植物に感染させることで、DNA を植物の遺伝子に導入させようとするものである。1989 年までに、変異遺伝子を含む DNA の細胞への導入が可能になり、植物の遺伝子操作に道が開けた。

植物の癌腫病の原因菌である *Agrobacterium tumefaciens* を用いた、植物細胞への DNA 導入は主用技術のひとつとなり、フローラル・ディップ法として、遺伝子組み換え作物の調製に用いられるようになった。この方法では、導入したい特定 DNA と洗剤を含む *Agrobacterium* の溶

遺伝子組み換えを行った綿、
世界中で栽培されている。

珍しい固有種アフリカスミレ *Saintpaulia teitensis*。ケニアの一部にのみ生育。既知植物の3分の1ないし4分の1と同様に、絶滅のおそれがある。

サバンナの環境。ライキピア、ケニア。手前がアリアカシアの一種、ウィストリング・ソーン *Acacia drepanolobium*。

西アフリカ、ブルキナ・ファッソにおける種子の採集風景。
キューのミレニアム種子銀行構想では、2020 年までに、
固有種、絶滅危惧種、有用植物を優先して、
全植物の 25%の種子を採集する計画。

マダガスカルの印象的な *Tahina spectabilis*、2006 年に発見された新種のヤシ。
今でも毎年 2,000 種の新種が発見されている。

マリ探検における、採取現場での腊葉標本作製。キューには毎年、世界各地から30,000点の標本が送られてくる。

ナミビア砂漠だけにしかない *Sesamum abbreviatum* の種子の採集。

東南アジア、サバの熱帯雨林。最も多くの植物種が存在する場所のひとつ。

ブラジル、バイアの乾燥地と干上がった川底。今日、人類が直面する最大の環境問題のひとつは、気候変動。

ヤムは熱帯および亜熱帯における主用作物だが、穀類が好まれる傾向にある。気候変動と人口増加に対応するために、より少ない水資源で栽培できる代替作物が求められる。

マダガスカルにおける米の栽培。

ヨーロッパとアメリカでは、花粉媒介に欠かせないミツバチの数が激減している。
キューの科学者は、何がミツバチを花に誘導するのか、
より効率的な受粉方法は何かを生化学的に研究している。

植物とカビは互いに共生関係にある。最も重要なのは菌根で、植物の根にカビが生育し、互いの繁栄に寄与している。植物の90%が菌根に依存していると推定される。

液に、花を浸す。蛍光標識も同時に挿入し、導入したDNAが、遺伝子配列の中で、発現しているかを追跡する。

もうひとつの、植物への遺伝子挿入方法は、遺伝子銃と呼ばれる方法で、より専門的には「パーティクル・ガン法」と呼ばれている。1980年代に開発され、導入したい遺伝子で被膜した金属粒子を、高速で植物細胞に噴射する方法である。かなり強引な方法に思えるが、タマネギの細胞（細胞が大きいので選択された）を用いた初期の実験では、タマネギ細胞は挿入された遺伝子をすぐに発現した。

科学技術が発展する中で1980年代には、最初の遺伝子組み換え作物として、抗生物質、除草剤、害虫に抵抗性のあるタバコが開発された。今日、遺伝子組み換え技術は、ジャガイモ、トウモロコシ、トマト、大豆、綿などの作物で、世界的に利用されている。一方、30年にわたって利用されてきた、遺伝子組み換え作物に対する議論も高まっている。

その間、科学者は、なぜ特定の植物は大きな遺伝子群をもつのか（最大のものは最小の2,000倍）、という基本的な問題に解答を求めていた。ひとつの謎は、植物の倍数性（細胞内の染色体の数、12章参照）と遺伝子量（染色体内のDNA量）の間に相関関係がないことである。染色体の倍数が増加しても、染色体自体の大きさとは関係しない。「植物の中には、人間の30倍もの遺伝子をもつものがある」とレイチは語っている。「メキシコ・マンネングサ（*Sedum suaveolens*）のように、80もの染色体をもつ、高倍数体種では、その遺伝子量自体は比較的小さいのである」

植物の遺伝子量と、その植物への影響は、中心的な検討課題である。「ある植物が有するDNA量が、他の植物より多いことに、何の違いが生じるのか、という質問があるが、答えは、ある、といえる」とレイチは語る。「細胞内で生じる、すべての事象は、植物個体の全体におよぶ」

キューは、植物の遺伝子研究で指導的立場にあり、世界中の数千種におよぶ遺伝子量の詳細な情報管理者である。2001年には3,864種のDNA量（C-Value）が登録されていたが、2012年には8,510種になった。

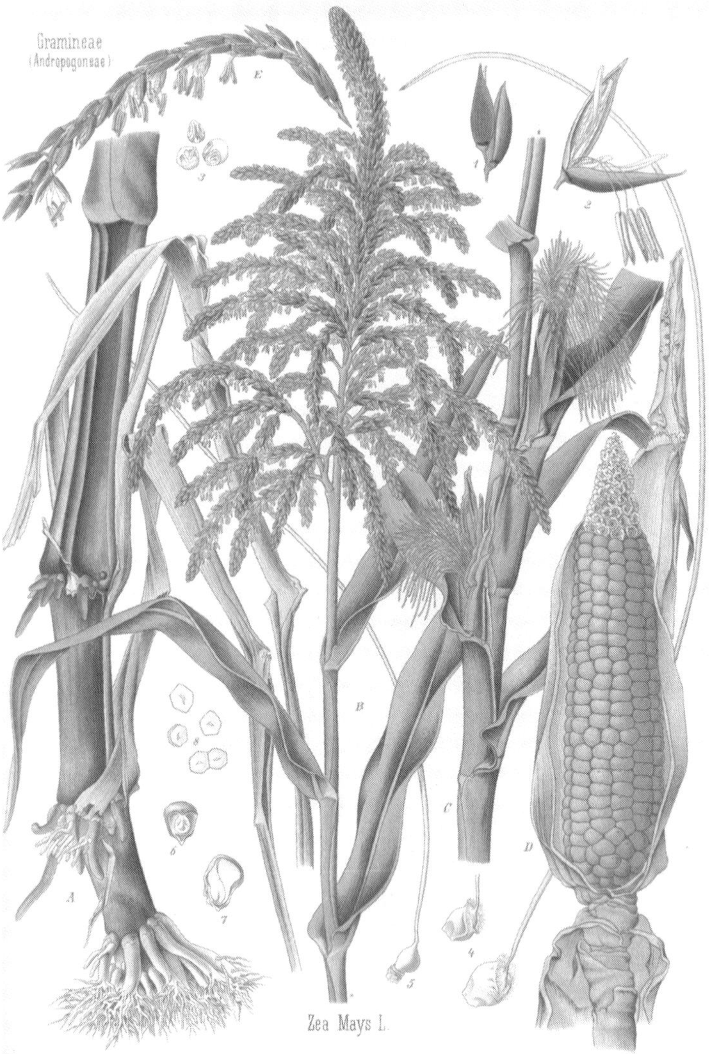

トウモロコシ（*Zea mays*）は、
遺伝子組み換え技術が応用された作物の一例である。

植物遺伝学者は、遺伝子に関する広汎な情報を、*Agrobacterium* からの情報と照らし合わせて、どの遺伝子が何をどのように発現しているのかを究明している。

キューの研究者が *Agrobacterium* の研究から解明しようとしているもうひとつの領域は、水分と温度が、種子の保存に与える影響である。種子の休眠を分子レベルで解明できれば、作物の植え付けや、植物の保護、とりわけ生育環境の復元に役立つ。*Agrobacterium* の遺伝子がどのように発現しているかの分析は、植物の開花時期と遺伝子の関わりを明らかにし、遺伝子操作によって、開花時期の長い植物の作製に寄与している。

植物がどのようにして、病気に対する抵抗性を獲得するかは、世界的食料生産にとって重要な要素になる。遺伝子研究は、植物と病原体との間の相互作用を解明しつつある。たとえば *Agrobacterium* を用いた実験からは、どの遺伝子が、ウドンコ病の原因である *Blumeria graminis* に対する抵抗性に関係しているかが示されている。どの遺伝子が関与しているかがわかれば、その遺伝子を標的にして、ウドンコ病に耐性のある植物を作り出すことが可能になる。

植物ホルモンも収穫量の改善に重要な働きをする。アメリカの植物遺伝学者ノーマン・ボーローグは、通常の交配法を用いて新しい矮小小麦を作製させた。この小麦は茎の成長を抑制して、その分、小麦の収穫を増加させた（16 章参照）。1960 年代から 1970 年代に世界中で導入されたボーローグの小麦は、多くの人々の命を救った。

その後、*Agrobacterium* を用いた研究結果をもとに、ジベレリンと呼ばれる植物ホルモンを抑制する、正確な方法が確立され、矮小小麦のような高収量品種が作り出された。*Agrobacterium* を用いたその後の研究によって、世界の気候変動による、過酷な環境にも適応できるように、作物の関連遺伝子を操作する方法にも可能性が出てきている。たとえば耕作、気候変化、海水面の上昇などにより、世界的に塩水性の環境が増加している中で、耐塩水性の作物の作製は、現在の研究者の目標になっている。異なった植物種の耐塩水性に影響する遺伝子の研究にも *Agrobacterium* が用いられているのである。

21

花盛りの木

Amborella trichopoda、DNA分析から、
初期の顕花植物の代表と判明した。
アリス・タンゲリーニ画、シャーリー・シャーウッドのコレクションより。

イギリス国章の下に記されるキューの象徴は、花である。当然と思われるかもしれないが、なぜシダではないのだろうか？　針葉樹、あるいはカビ？　これらは顕花植物よりも、ずっと以前から存在していたのだが。

顕花植物は、地球上では新参者である。最初の化石が1億3,900万年前なので、その出現は1億4,000万〜1億8,000万年前と考えられる。ただし、進化論的にはやや古く、最初の種子植物は2億3,000万年前、陸生植物の登場はさらに1億年も遡《さかのぼ》る。

しかし、いったん登場すると、この華々しい新参者は先駆者を押し退け、驚くほどの繁栄を誇った。登場から7,000万年で顕花植物は、生態系の最上位を占め、広汎な地域に進出した。今日、顕花植物（植物学的には被子植物）は、地球上で最も優性な植物群である。457の科、約350,000の種があり、シダのような胞子を形成する植物約10,000種、針葉樹などの裸子植物750種に比較して、圧倒的な繁栄を示している。

植物学における初期の議論では、異なった植物がどのような関係にあるのか、いつ、どこで、どのように進化したのか、などについて魅力的な論争があった。本書の前各章で学んできたように、科学史の大半において、花々の間の関係を明らかにする根拠は、よく観察するという単純で確実な方法で集められている。この作業では、各部位の個数を数え、形、大きさ、色などを注意深く記録し、花の相違点と類似点を比較する。このような、観察による分類の原理を、形態学と呼んでいる。

形態学の実例「植物科の苗床」は、キューの最も素晴らしい非公開の場所に、高いレンガの壁によって守られている。この場所は、1846年当時キューの園長だったウイリアム・フッカーが植物園として設計したもので、このヴィクトリア時代の植物学者によって決定された植物の科と科の間の関係が、大衆や研究者に公開されていた。壁に囲まれたこの場所は、以前は王室用の家庭菜園だったが、ヴィクトリア女王の指示でキューの管理に移された。ウイリアム・フッカーは当初、フランスの植物学者アントイン・ローラント・デ・ジュシューの開発した、自然分類として知られる科学的分類方法を用い、キューの植物を分類した。1869 年までには、壁に囲まれた庭園はジョージ・ベンサムとウイリアムスの息子のジョセフ・フッカーによって再構築され、より科学的な施設になった。彼らはこの場所を新たに順列苗床と呼んだ。

ベンサムとフッカーの息子は、ヴィクトリア時代を代表する植物学者だが、その使命を整然と、かつ完璧に達成した。すべての顕花植物を分類し、それらを記載する新しい方法の開発という丹精を込めた仕事に、20 年を費やした。彼らは、植物を長く一直線に並べて、その分類方法が機能していることを示した。それは優れた考えで、教育は常に彼らの重要な仕事であった。同時に、標本室についても同じ考え方で再構成された。

ベンサムとフッカーは、自然学者のジョン・レイがずっと以前に行った仕事を引き継いだ。顕花植物を、発芽時の葉（子葉）の数から「単子葉植物」と「双子葉植物」に分類することであった。ベンサムとフッカーは、これに「裸子植物」——花を付けない種類を追加し、これらの３大グループによって 202 の科を同定した。

彼らの分類は、顕花植物の形態学的な精査に基づき、言い換えれば植物の構造、外観、花弁、おしべ、葉、その他の部分の観察から行われた。ベンサムとフッカーの分類学は、各科の定義に明確な性質を選択したため、非常に実際的で、そのため広く受け入れられた。他の多くの分類法がイギリス内外で提案されたものの、この分類法は、その後 100 年にわたってキューで採用されている。

新しい分類法が開発されるたびに、過去の仕事が修正され、より良い自然な顕花植物の科の組織化が図られ、標本室と採集現場の両方

キューにおける「植物科の苗床」、1900 年頃。
正式には順列苗床と呼び、植物が、
その進化の過程がわかるように配置されている。

で植物学者に利用された。当然ながら、古い形態学的方法には限界があった。外見の類似性に依存した分類では、進化の系統図を作成する際に重大な問題が発生した。その問題はヒト科と同様に、近縁の植物でも外観がまったく異なる場合があることである。一方、別々に進化したまったく別の植物でも、環境や生態学的適性から似た外観を呈する場合がある。

形態学的分類法は、今日でも重要である。現場における研究者が目で見て、敏感な識別と変化様式の判定を可能にし、その特異性と種の判別を行うのに必要だからである。虫眼鏡と植物の身体的特徴に関する知識は必須で、ヴィクトリア時代の苦労に依存している。一方、科学の世界ではしばしば、積年の正説は、更新の必要が生じてくる。21 世紀の目指す分類学には、変革が必要なのである。

1990 年代の初めに、キューのジョドレル研究室を中心とした、国際的な植物学者の集まりが、遺伝子配列に基づいたまったく新しい分類方法確立の可能性を追求し始めた。彼らの目的は、植物の外見だけでなく、その構成分子に注目し、遺伝子の分析によって植物の分類を行うことであった。ジョドレル研究室長のマーク・チェイスの説明によれば、「我々は、何かを変えようとしたのではない。ただ、植物の関係を調べるのにDNAの有用性を評価しただけで、その結果に当初は懐疑的であった。結果的には理想的な方法になった」

被子植物系統発生学グループ(APG)は、植物学者の非公式情報網で、1990年代の中頃に、植物種間の遺伝子の差異を明らかにすることで、植物間の近縁性を求め、新しい分類を行うことを目的に始められた。その過程で、既存の分類とAPGの結果が対応するのかを検証する機会があった。結果は興味あるものであった。APGの進化系統図と、ベンサム、フッカー、およびアメリカの分類学者アーサー・クロンクイストラの分類を比較したところ、多くの科において、古い系統図と新しいものは、よく一致したのである。

ベンサムとフッカーが、裸眼と顕微鏡での観察をもとに行った分類は、その大半が正しかったのである。マーク・チェイスは「我々が、科のレベルでの比較を行ってみると、87%が一致していた」と語っている。すなわちベンサムとフッカーは、形態学的検討のみで90%近い精度で植物の科を分類していた。19世紀の限られた技術で行われた分類結果として、素晴らしいものである。チェイスは続けて「残りの、一致しなかった10%については、彼らが間違っていたことになる。特に一致しなかったのは、分類学上の『目』のような上位の階層だった」。間違った分類の一例は、*Paeoniaceae*というボタン属の仲間であった。ボタン属は、その花など、類似した性質が多いために、従来は、キンポウゲ科(*Ranunculaceae*)の近縁と考えられていた。

しかしAPGのDNA分析からは、ボタン属が、ベンサムやフッカーの系統図とは違い、ユキノシタやベンケイソウに近いことが明らかになり、

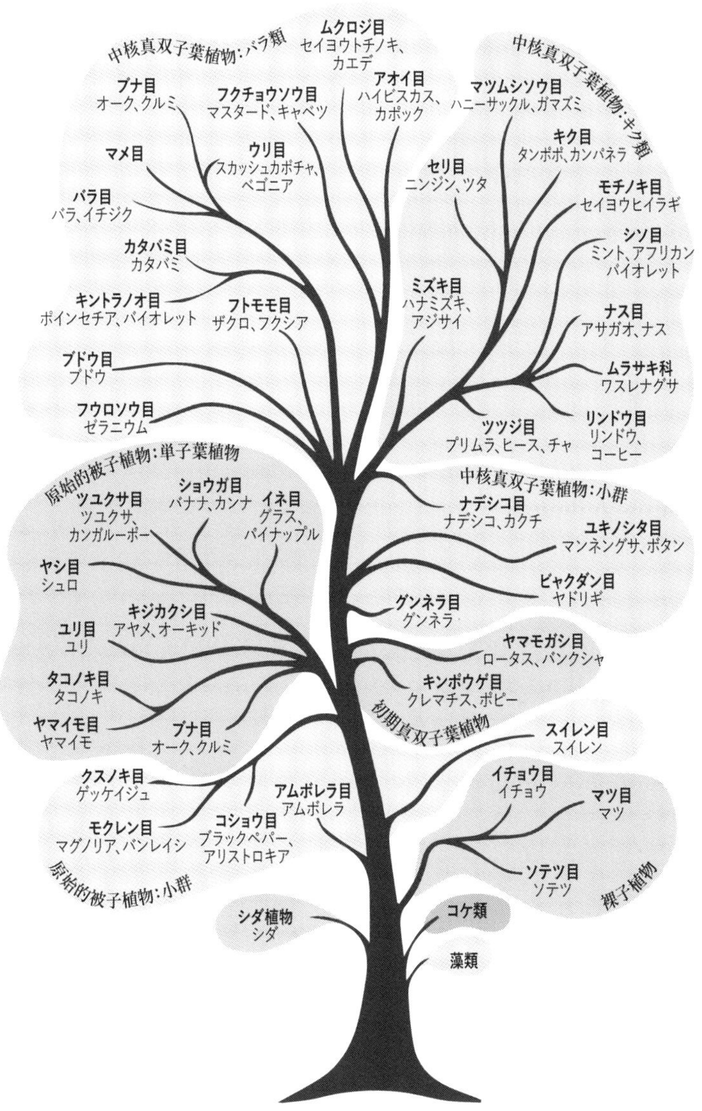
中核真双子葉植物：バラ類
ムクロジ目
セイヨウトチノキ、
カエデ
中核真双子葉植物：キク類
ブナ目
オーク、クルミ
フクチョウソウ目
マスタード、キャベツ
アオイ目
ハイビスカス、
カポック
マツムシソウ目
ハニーサックル、ガマズミ
キク目
タンポポ、カンパネラ
マメ目
ウリ目
スカッシュカボチャ、
ベゴニア
セリ目
ニンジン、ツタ
バラ目
バラ、イチジク
モチノキ目
セイヨウヒイラギ
カタバミ目
カタバミ
シソ目
ミント、アフリカン
バイオレット
ミズキ目
ハナミズキ、
アジサイ
キントラノオ目
ポインセチア、バイオレット
フトモモ目
ザクロ、フクシア
ナス目
アサガオ、ナス
ブドウ目
ブドウ
ムラサキ科
ワスレナグサ
フウロソウ目
ゼラニウム
ツツジ目
プリムラ、ヒース、チャ
リンドウ目
リンドウ、
コーヒー
原始的被子植物：単子葉植物
中核真双子葉植物：小群
ショウガ目
バナナ、カンナ
イネ目
グラス、
パイナップル
ツユクサ目
ツユクサ、
カンガルーポー
ナデシコ目
ナデシコ、カクチ
ユキノシタ目
マンネングサ、ボタン
ヤシ目
シュロ
ビャクダン目
ヤドリギ
グンネラ目
グンネラ
キジカクシ目
アヤメ、オーキッド
ユリ目
ユリ
ヤマモガシ目
ロータス、バンクシャ
タコノキ目
タコノキ
キンポウゲ目
クレマチス、ポピー
初期真双子葉植物
ヤマイモ目
ヤマイモ
ブナ目
オーク、クルミ
スイレン目
スイレン
クスノキ目
ゲッケイジュ
イチョウ目
イチョウ
アムボレラ目
アムボレラ
マツ目
マツ
モクレン目
マグノリア、バンレイシ
コショウ目
ブラックペパー、
アリストロキア
ソテツ目
ソテツ
原始的被子植物：小群
裸子植物
シダ植物
シダ
コケ類
藻類

この植物進化の木は、主な植物間の関係を、現在の知見から示している。

ボタン属は正しい位置に移された。APG の仕事は、植物科学の世界に波紋を起こし、顕花植物の歴史に大きな変更が求められた。それは、単なる名前の問題だけではない。APG の新しい植物系統図は、植物生物学者にいくつかの植物の歴史を書き換えることを求めている。

化学も再構成に貢献している。APG の分類では、従来はアブラナ目と近縁とは考えていなかった複数の科が含まれている。アーサー・クロンクイストによって発見され、広く評価された方法に従うと、5 目 2 亜綱に代わってアブラナ目は 10 科になる。一方、化学的分析で、これらの植物は「マスタード油」を産することが明らかになった。マスタード油は、ブロッコリ、キャベツ、ワサビダイコンなどに含まれる天然成分で、特徴的な花をもち、モンシロチョウがその卵を産む際の目印ともなっている。これらのマスタード油類は、多くの科の植物細胞において生物化学的に合成される、その進化過程は独自に発達したにしては複雑すぎる。

植物の系統図を作成しておくことは、非常に有用である。たとえば窒素の固定は、エンドウ豆や大豆などマメ科の特性で、すべての植物の成長に必須の窒素源を、その根に共生する細菌類の働きによって得ている。窒素固定を行う植物の起源を探索しようとするならば、同じ性質を有する植物種を進化の木の中で参照するのが、有効であろう。「これは、非常に重要な現象で、窒素を固定できる植物を作成できれば、農業用肥料は必要なくなる」とチェイスは語っている。

ベンサムとフッカーの時代と同じく、研究は進化、発展している。「我々が、現在興味をいだいている研究は、顕花植物は遅れて地球上に登場したにもかかわらず、なぜこのように繁栄したのか？　特に化学物質の合成について、なぜそのような特性をもちえたのか？　なぜこのような多様性をもったのか？　どのようにして収穫するほどの種子を産するようになったのか？　ということである。被子植物が作る種子の量は、他の植物に比べて非常に多い。人類の文明は、裸子植物やシダの胞子に依存していては、成り立たなかった。70 億人の人口を養う生産性をもった植物の出現は、地球の歴史上、奇跡的な出来事だった」とチェイスは熱く語っている。

チェイスにとって、植物は仕事だけではない。ジョドレル研究室の彼の仕事部屋は、多種多様な蘭やその他の植物が、棚や窓台に飾られている。「私は、完全な植物マニアである。顕花植物は、短期間で地球上を支配する進化能力を有し、驚くべき発展を達成した。たとえば積極的に昆虫を捕らえる食虫植物に進化した。顕花植物は、信じられないほど不思議な存在なのだ」

ベンサムやフッカーと同様、今日の科学者にも不思議を解明しようとする能力が求められている。

22

力強い熱帯雨林

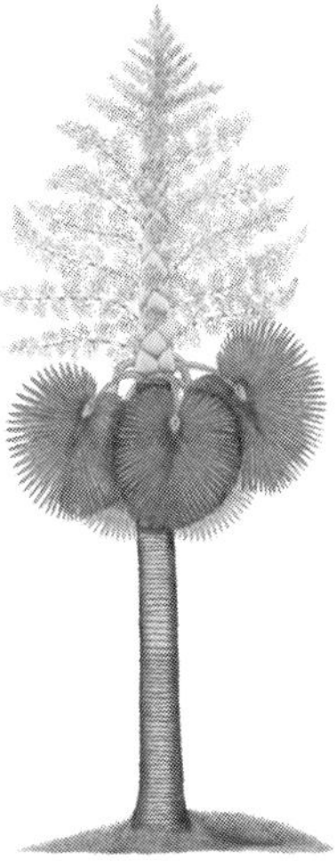

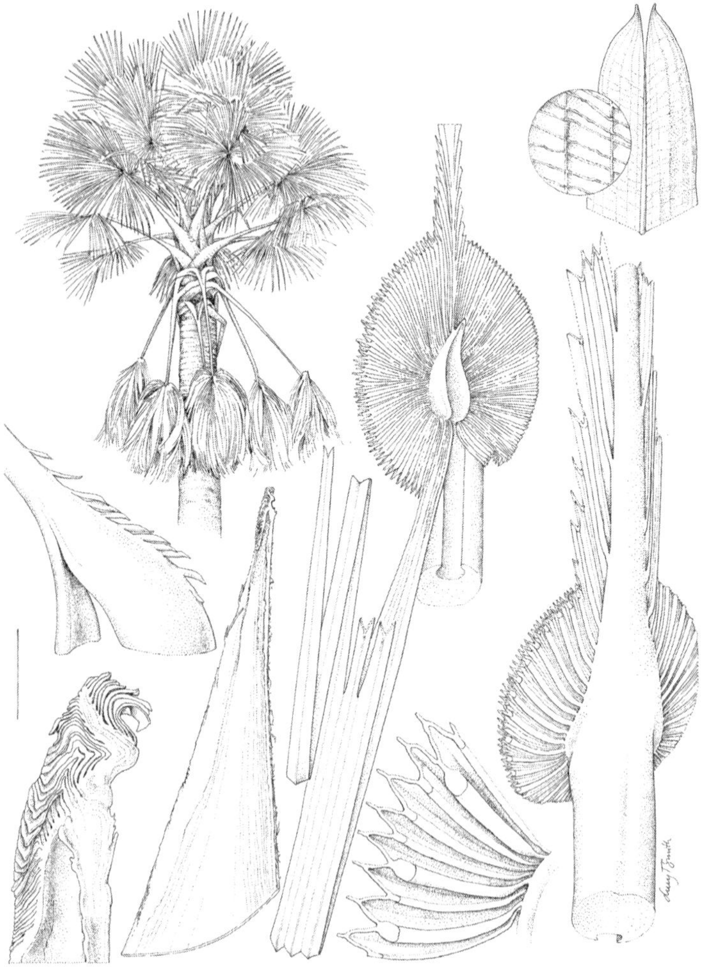

2006 年に発見されたマダガスカルの
ヤシの新種 *Tahina spectabilis*。
ルーシー・T・スミス画。

2006年の末、植物学者らがヤシ科に関する最新式の科学的解釈をまとめようとしているところに、大変な発見となるニュースが飛び込んできた。フランスの農園管理者アビアー・メッツが家族とともに、北西マダガスカルの田舎を散歩していた時、印象的で豪華な黄色の花を付けた巨大なヤシを見つけた。その巨体は高さ18メートル、扇子形の葉は幅5メートルもあるにもかかわらず、このヤシは過去にはまったく知られていなかった。このヤシの標本がマダガスカルからイギリスに到着した時、キューのヤシ研究の前責任者だったジョン・ドランスフィールドは、それが新種であるばかりでなく、新しい属 *Tahina* に相当することを実感した。

「最初はEメールで6～7枚の写真が送られてきて、見てみるように言われた」と、現在は引退してキューの名誉研究員となっているドランスフィールドは説明する。「インドやスリランカの大きな扇葉をもったタリポットヤシ（*Corypha umbraculifera*）に似ていたが、場所が違っていた。マダガスカルには *Corypha* はない。私は非常に興奮してアビアー・メッツに連絡を取って、もっと写真を送るように依頼した。私は、何か違ったものが存在していると感じた。やがてマダガスカルの親しい共同研究者だったミジョロ・ラコトアリニヴォによって、最初の実標本を作製することができた。2007年4月、彼はキューで博士論文を仕上げるためにイギリスにやってきて、私たちは最高の喜びをもって復活祭を迎えた」。彼が持参した標本の入っている箱を開封して、それが *Chuniophoeniceae* 族（分類学上、族は科と属の中間にある）の仲間と実感した。その時点では、*Kerriodoxa*、*Chuniophoenix*、*Nannorrhops* の3属が知られていた。

「*Tahina* は非常に大きなヤシで、マダガスカルにのみ生育している。*Kerriodoxa* はプーケットやその近郊のタイ南部の低山地と雨林帯にある。*Chuniophoenix* は小型で、中国やヴェトナムで、森林の下部に生える。*Nannorrhops* は、アラビア、アフガニスタン、パキスタンなどの砂漠に生えるヤシである。いったい、これら 4 つの属を一緒にしたものか？それは花序（枝上における花の配列状態）の構造にある。それ故、箱を開けた瞬間に、*Chuniophoeniceae* 族と判断できたのである。さらに、優秀な学生のひとりが、化学組成を検討した結果、この族に分類されることが明らかになった」

ドランスフィールドとラコトアリニヴォは、共同研究者らとともにこのヤシを *Tahina spectabilis* と命名した。*Tahina* とは、マダガスカルの現地語（マラガシ語）で「神聖なもの」を意味し、*spectabilis* はラテン語で「壮観」を表している。

Tahina spectabilis は、1980 年代以来、キューの植物学者が発見してきた、多くのヤシの種と属の延長線上にある。1987 年に「ヤシ属、その進化と分類」の初版が発行された時、そこには 200 属 2,700 種のヤシが掲載されていた。2008 年半ばに発行された第 2 版では、最後に *Tahina spectabilis* が追加となり、183 属 2,500 種が掲載された。種の数が減少したのは、精密な仕事の結果で、当初、別の種と考えられていたものが、他の種の変異体であることが明らかになったためである。ジョセフ・フッカーはそのような統合を誇りに思ったことだろう。一方、1987 年以降に追加された新種も相当数存在している。顕花植物の分類に対する遺伝子分析法の進歩は、ヤシ科植物に関する理解を大きく深め、その分野の専門家は、DNA 分析に基づいた系統図の作成が可能になった。新たな分類では、ヤシ科の歴史と、現在のヤシ類の世界的分布に至る進化の足跡を反映させている。

大半の人々はヤシ（パームツリー）と聞くと、南海の夕日の象徴や、イギリス式庭園に広く用いられる丈夫な *Trachycarpus fortunei*（棕櫚《しゅろ》）などを思い浮かべるかもしれない。ヤシは、棕櫚科と呼ばれる、非常に多様性に富んだ顕花植物に属している。249 種のヤシが生育するキューの

キューにおける、生きている最大の標本、
「ババスーヤシ」*Attalea butyracea*。

パーム・ハウスを散策すると、多種多様な大きさ、葉の形状、色を見ることができる。

キューにおける、生きている最大の標本は *Attalea butyracea*（ババスーヤシ）で、高く丈夫な幹は王冠状の葉を頂き、温室で最も高い屋根の場所にあるが、その葉は丸屋根に届きそうになってきた。その近縁種には、比較的幹が短く、大きな扇状葉をもつ *Kerriodoxa elegans*、斑入り葉と密集した幹が特徴的な *Pinanga densiflora*、気味の悪いトゲ状突起のある *Astrocaryum mexicanum*（パーム・ハウスの責任者スコット・テイラーは、その皮膚貫通性の傷跡をもつ）、基部が膨張したビン型で金褐色の幹をもつ *Hyophorbe lagenicaulis* などがある。

テイラーは、種々のヤシを展示し、健康に保たせる使命があり、ババスーヤシが温室の天井に達し、高くなり過ぎた場合には切り倒して、入れ替えをすることになる。その候補は、強壮な *Elaeis guineensis* ——アフリカ油ヤシである。

テイラーは、そのような大きな植物の入れ替え方法について説明している。「もし、このヤシを移植するとしたら」。彼は、10 センチメートル幅のノコギリ状葉が基部から生えた、大きな油ヤシを指して語っている。「両側 50 センチメートルに溝を掘って（その過程で根を切りながら溝を掘り、そこに有機物を詰めて、新しい根の成長を促す）、養生させる。数ヵ月を要するものの、密集した根の塊が得られる。根を切り詰めているので、そのぶん葉も切り詰められる」

展示場所に空きができれば、移植を待つ新しいヤシが多数存在している。*Veitchia subdisticha* もより広い場所を欲している。このヤシは、ソロモン諸島にのみ生育し、その根の形状から、一般には竹馬ヤシとして知られている。

キューの生きたヤシの所蔵標本は、最近の再分類過程において、重要な役割を果たしていた。植物から抽出した DNA は、ヤシの仲間の系統図の作成に有用である。その後の遺伝子解析から 5 つの進化過程が明らかとなり、新しい分類では、*Calamoideae*、*Nypoideae*、*Coryphoideae*、*Ceroxyloideae*、*Arecoideae* の 5 種の亜科が認定された。*Calamoideae* は 21 属からなり、その大半はトゲのあるヤシで、家具などに用いられるブドウツル状の藤もその仲間である。*Nypoideae* は一属一種で、アジアの湿地に生育するマングローブヤシ（*Nypa fruticans*）である。*Coryphoideae* は、46 属からなり、基本的には扇葉の亜科だが、ナツメヤシ（*Phoenix*）のような、葉の形状が異なるものも含まれる。*Ceroxyloideae* は 8 属からなり、種々の性質を示している。*Arecoideae* は 107 属を有する最大の亜科で、よく知られているココナッツや油ヤシを含んでいる。

「我々は、ヤシの亜科を完全に再構築した」と、キューの標本室副責任者でヤシの分類学者であるビル・ベイカーは語っている。

> 羽状葉のヤシ類すべてが、扇状葉のヤシから派生した事実は驚きであった。一方、実際にはヤシ類の進化過程を精査した結果、属の大半には変更はなかった。
> 過去には、ヤシ類間の関係や分類は、直感や非実証的な仮説によって判断されていた。
> 植物だけでなく、すべての生物の分類が、同様の状況下で行われていた。進化の存在を理解し、認めてはいたものの、客観的な方法で、その経緯を解明することは、わずかに化石の研究に頼る程度であった。しかし DNA の塩基配列はそれ自身が驚くべき化石記録である。そこには、数百万年にわたって、遺伝子上に繰り返し蓄積された突然変異の記録が残されている。上書きや、矛盾、混乱もあるが、配列自身が分子化石の記録である。

今日、ヤシの多様性には、その地球上分布に地域的な偏りがある。約 1,000 種がマレー半島とニューギニア間の諸島に分布し、アメリカに

オマーンにおけるナツメヤシの木立。

730種、マダガスカルに199種、一方、広大なアフリカには65種しか存在していない。ヤシが最も変化に富むのは、高温多湿な熱帯雨林で、乾燥した気候では数種が見られるだけである。

ヤシを含むすべての顕花植物は、1億4500万年前の白亜紀に登場したことがわかっている。最新の遺伝子技術を用いて、ベイカーと彼の仲間は、今日のヤシへの多様化が、約1億年前、白亜紀の中頃に始まったことを示している。彼らの地理学的ヤシの進化分析は、現在のヤシの祖先が、中央および北アメリカとユーラシアに集中していることを示唆している。

植物学者は長らく、熱帯雨林がどのように創生されたのかを考え続けてきた。アルフレッド・ルーセル・ワイレスは、19世紀の中頃にブラジルのアマゾンを探検し、この質問を最初に提起した自然学者のひとりである。彼は、熱帯雨林の動植物を調査した結果、「赤道下の大きな森林の集団」が、その地域の気候条件に有利であったのに対して、温帯地域では、周期的な停滞や絶滅が起こったと結論付け、1878年に「熱帯の自然と小論」を著した。

> ある進化には十分な機会があっても、別の進化の進行には多くの困難が待っている場合がある。赤道下の地域は、過去および現在の生物史の観点から、温帯地域に比較して、太古の世界が存在し、生命の進歩的発達が妨げられることが少なく、無限に多様で美しい世界が形成されたのである。

キューの研究は、ヤシの進化が絶え間ない多様化様式に適応していることを示している。熱帯雨林の生態系の代表としてヤシを選択すると、ワレイスの仮説に一致して、緩やかな進化が今日、熱帯雨林で見られる豊富な種を生み出したことがわかってくる。これは、現在の熱帯雨林

カメルーンのアフリカ油ヤシ農園。

が、気候変動の影響を強く受ける場所である事実とは対照的である。他の研究も多様性は、長い進化の過程を経て形成されることを支持している。アメリカのストーニー・ブルック大学の研究者は、アマゾンのアマガエルの高度な多様性は、異なったグループが 6000 万年以上にわたって、アマゾン流域で共存したことに関係することを発見している。

ヤシは熱帯雨林に生育し、しばしば到達困難な僻地で見つかることから、新種の発見が続いている。「ヤシ属」第 2 版発行の翌年の 2009 年だけで24の新種が認定され、その内20種はマダガスカル産であった。キューでは、ベイカーが 15 の新種のトウ属を発表し、最近では 3 属の一種一属として命名し、そのひとつにはアルフレッド・ルーセル・ワレイスの名が付けられた。新種の中には非常に珍しいものもあり、たとえば一種の個体数が 10 以下のものもある。北東マダガスカルで発見された、幹のないヤシ *Dypsis humilis* は、他のどこからも発見されていない。これらの希少種は密林の一部に生育し、先住民によって木材として使用されることから、科学者がその詳細を調査する前に絶滅してしまう可能性が高いのである。

ヤシは利用価値の高い植物で、油脂、飲料、ココナッツ、デーツ、藤、繊維、ふき屋根材など多くの製品を供給し、現地の人々の生活を支えている。熱帯雨林の生態系は、樹木の伐採、農業用開墾、気候変動などの困難に直面しているので、植物学者は、新種のヤシを発見して記録するために、時間との戦いを強いられている。*Tahina spectabilis* は、野生には一握りしか存在しないものの、種子が増やされ、マダガスカルおよび世界各地に分配されているので、個体数の増加が期待できる幸運な例である。種子の販売収入は、現地の共同体に還元され、貴重なヤシから利益を得ることができる。

未発見のヤシに関しては、その将来は楽観することはできない。新しい植物種に関して十分な証拠を収集し、信用ある学術雑誌に発表するまでには、数ヵ月、時に何年もの時間を要している。「我々は、より早く発見し、より適切な方法で生物多様性の情報を発信しなければならない」とベイカーは強調している。

「植物種の存在が公表されるまでは、政策決定者やIUCN（国際自然保護連合）の目にはとまらず、絶滅危惧種として登録されないので、保護対象にならない」

そして、キューの研究者が示唆するように、ヤシの多様性は１億年以上かけて形成されたので、熱帯雨林の生態系を人類が破壊してしまうと、その再生には、同じ時間が必要になるのである。

23

採集と枯渇

ペルー、サン・ファン谷での
キナ皮の採集、19世紀。

19世紀の中頃、植物学者のリチャード・スプルースは、人間の活動が地球上の植物相および動物相に対して、友好的ではないと思い知った。南アメリカへの15年におよぶ採集旅行の結果、彼は、人類が植物の恩恵を享受し続けるには、それらを保護していかなければならないという結論へと至った。「キナ皮、サルサパリア、天然ゴムなどの貴重な物質への需要は、増加する一方で、必然的に森林からの供給は減少し、最終的には枯渇するであろう」と彼は記している。

アメリカ環境保護局の父とされるジョージ・パーキンス・マーシュは、人間の活動が自然界に対して有益とみなす、当時の考えに対抗して、1864年、「ヒトと自然」の中で、地中海沿岸の古代文明は、森林伐採とそれに伴う土壌侵食で崩壊したと論じている。その後、アメリカでは、ヨセミテやイエローストーンなどの国立公園が自然保護を目的に設立されたものの、地球規模で人間の環境に対する影響に関心が寄せられたのは、第二次世界大戦後のことであった。

1970年に作成された、最初の植物絶滅危惧種の一覧には、20,000種の植物が保護の対象として掲載されていた。その後1992年、生物多様性に関する、最初の国際会議、「環境と開発に関する国際連合会議」において、絶滅危惧種と環境に対する保護が決議された。政治的な論議の中で「生物多様性」という単語が初めて使用され、「すべての生物、陸上生態系、海洋その他の水界生態系、これらが複合した生態系の間の変異性をいうものとし、種内の多様性、種間の多様性及び生態系の多様性を含む」と定義された。

その後の20年間、生物多様性の最も濃厚な地域と絶滅危惧種に注目した。多くの国際的取り組みも、これらの地域を目標にした。現在では地球上の13%の地域が保護の対象で、IUCN（国際自然保護連合）は、定期的に絶滅危惧種に関する一覧表（レッド・リスト）を公開して、関心が高まるように働きかけている。

こうした努力にもかかわらず、各国政府は2002年の「生物多様性に関する条約」で、2010年までに地球、地域、国レベルでの生物多様性の減少を阻止する、という取り決めを遵守することができずにいた。

目標が達成できず、政治家や政策決定者が「それが何？」と言うには、多くの理由があった。気候変動、人口増加、燃料確保、都市化などはより多くの土地を必要とし、生物多様性の問題は、後回しにされていたのである。

2005年、画期的な研究が発表され、保護活動に対する政治的考え方に、根本的な変更が与えられた。生物多様性を単に保護目的の対象とせず、生態系の変化が人間生活に与える影響を評価する、ミレニアム生態系評価が開始されたのである。ここで初めて、生態系が有用なものとして認識され、人類社会への貢献度によって評価されるようになった。これらには、供給サービス（食糧、水、木材、繊維、燃料など）、調整サービス（気候維持、洪水予防、病気予防、水浄化など）、および文化的サービス（芸術、精神的恩恵、教育、レクリエーションなど）が含まれている。

これは、それまでの絶滅危惧種の密度が高い地域を保護するという考え方から、大きな変革があったことを示している。林、野原、フィールドマージンの木立、植物の疎らな背景の山などを想像してみよう。従来の「保護地域」の発想では、最も植物種の豊富な代表的場所として、林を囲んで保護していた。これに対して生態系サービス評価では、林とは、炭素固定の重要な資源で（光合成によって、大気中から二酸化炭素を吸収する）、土壌侵食を予防（調整サービス）する。一方、フィールドマージンの木立は、花粉媒介者の重要な住処で（調整サービス）、野原は農作物の供給源（供給サービス）であり、山地は灌漑用河川の水源であり、レクリエーションや精神的恩恵を与える存在である（文化的サービス）。このように風景はさまざまな方面に分割される。こうした方式において、科学者には生物多様性がもたらす生態系サービスを認識し、その人間社会に対する価値と、保存のための費用を正しく計算することが求められている。

この新しい方式は、広く各国政府に受け入れられた。2012 年、生物多様性と生態系サービスに関する動向を科学的に評価する目的で「生物多様性及び生態系サービスに関する政府間科学政策プラットフォーム」が設立された。しかし、どの生態系サービスが人間社会に対して不可欠なのかという疑問には、応えられていない。「国際連合環境計画」は最近、各国が「グリーンエコノミー」を標榜することを提案している。その骨子は、「人類の福祉とその社会の公平に貢献し、環境上の危険と生態系への負担を軽減すること」にある。重要なのは、生物多様性が、その達成に不可欠であると提言したことである。

今日、人類が直面している最大の危機は、気候変動である。この現象の原因は、大気中の二酸化炭素濃度の上昇で、その濃度は現時点で400*ppm* に達している。この値は、過去 80 万年（氷河中の空気から測定した過去の大気中二酸化炭素濃度）の最高値よりも 120*ppm* も高い値である。

我々は、早急に大気中二酸化炭素濃度を低下させる方法を見つけなければならず、それには植物の存在が必須である。生物の中で樹木は、最も効率的に大気中から二酸化炭素を取り除き、光合成によって、その木部、葉、根などに固定させる。大気成分の調整に植物が基本的な役割を担っていることは、以前から知られていたが、樹木の重要性が正しく認識されたのは、過去数十年のことである。樹木は、重要な二酸化炭素の「貯水槽」で、地殻を含む地球上および大気中の生物生存圏の全生物が排出する、二酸化炭素を吸収することがわかってきた。樹木の多くは成長が速く、寿命が長いので、当面は最大の炭素の貯蔵場所である。多くの実例があるが、熱帯のアマゾンにおけるブラジルナッツ（*Bertholletia excelsa*）、アフリカの鉄の木（*Lophira alata*）や、アジアの大きな硬木は、二酸化炭素を低減させる上で重要な存在である。温帯地域においては、カリフォルニアのセコイアやチリの *Fitzroya* が、成長が速く、

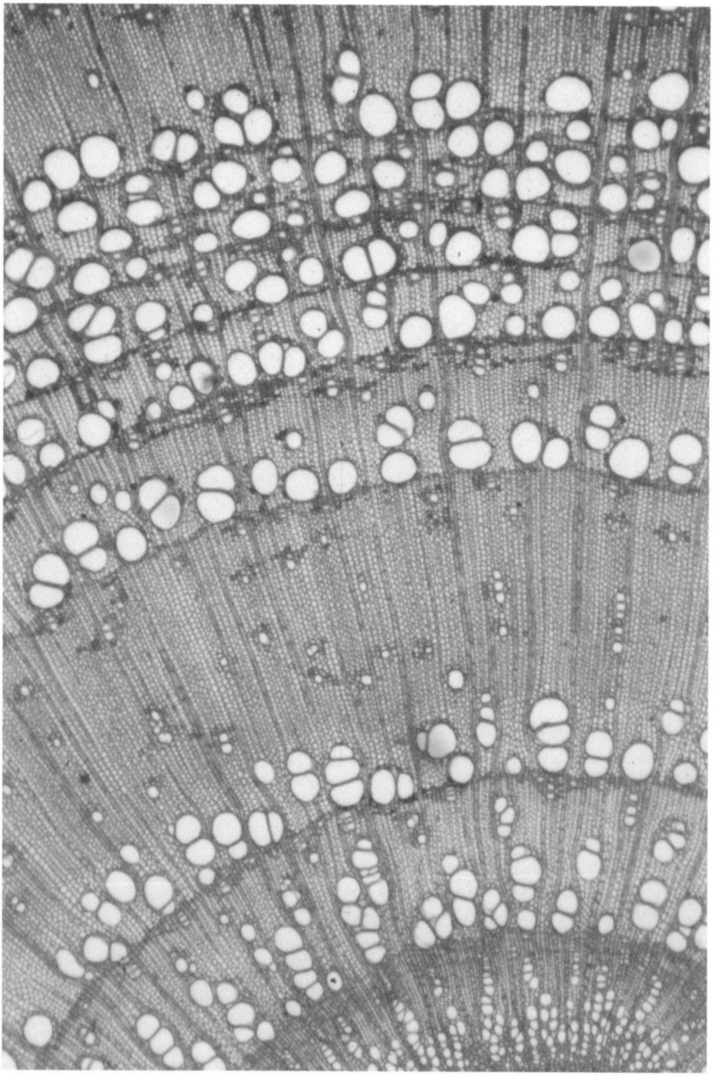

樹皮輪形の顕微鏡写真。
樹木は二酸化炭素を効率的に吸収し、
その取り込んだ炭素を木部、葉、根に変換する。

巨木となり、数百年の寿命をもつことから重要である。

見積もりでは2000～2007年の間、毎年25億トンの炭素が、大気中から森林に吸収されている。地球全体では熱帯雨林が年に13億トンの二酸化炭素を吸収し、続いて温帯森林が7.8億トン、亜寒帯樹林が5億トンを吸収している。一方、興味深いことに、森林伐採で失われた熱帯雨林における再生林は、比較的成長が速く、年に17億トンの炭素を吸収する、最大の貯蔵庫となっている。若く成長の速い木の方が、成熟して生長の遅くなった木よりも、より多くの炭素を固定できるからである。

ある意味で、これは良い話である。すべてが失われたわけではなく、いったん土地が放棄されると、熱帯林は再生を始め、すぐに大気中の二酸化炭素を吸収するのである。これは、炭素排出権取引業者にとって重要な事実で、大きな投資機会となる。荒廃した森を買い上げ、30年かけて再生させることで、大気中の二酸化炭素を減少させる効果を、炭素排出権利として販売することができる。

しかし、キューで行われた最近の研究からは、注意も必要である。キューの科学者リディア・コールは、南アメリカ、中央アメリカ、アフリカ、東南アジアの4つの地域における花粉化石の分析から、熱帯林の再生速度を算出し、その結果から森林が再生に要する期間を求めたが、それらには大きな違いがあった。ある地域では、再生速度が速く、30年で元に戻っている。一方、他の地域では森が再生するのに500年を要し、熱帯林の平均必要年数は250年である。地域間にも大きな差異があり、中央アメリカが最も早く再生するのに対して、南アメリカは最も遅くなっていた。侵害の種類によっても再生速度は異なり、台風、山火事などの自然災害からの再生は、人的侵害からよりも速くなっていた。この差異の原因については、より詳しい検討が必要である。

街を彩る木々も、炭素の「貯蔵庫」として有望である。最近の試算によると、アメリカ都市部の樹木は、6億4,300万トン分の炭素を貯蔵し

シンガポールの熱帯林。

キューガーデンの木々は、
年間 8.6 トンの二酸化炭素を吸収すると見積もられている。

ていることになる。これらの木々は、地球全体の約 1% に当たる、年間 2,560 万トンの炭素を大気中から吸収している。この数字は小さいかもしれないが、侮れない量である。都市の住人は職場の窓から木々を眺め、その木陰で昼食を取り、木々が制御する空気を呼吸する。

キューガーデンの 14,000 本の木々は、ロンドンの空気から、どのぐらい二酸化炭素を吸収しているのだろうか？　アメリカで行われたのと同様の方法によって試算すると、西ロンドンの小さな一画において、年間 8.6 トンの二酸化炭素が吸収されていることになる。

大気中の二酸化炭素濃度の上昇に伴う影響は、地球規模の問題である。何を、いつ、どこで保護すべきなのかを理解することには、大きな波及効果がある。同時に、動植物の減少が人類社会に与える悪影響を減少させる必要もある。

ミツバチを例にとると、ヨーロッパとアメリカでは過去 10 年間でミツバチの数が激減し、生態系サービス中の受粉行動が減少している。ミツバチ減少の原因は複雑で、よくわかっていない。ただし分子レベルでの生物多様性研究は、興味深い事実を示し、問題の解決につながるかもしれない。

コーヒーは、問題の一部を解決する糸口になるかもしれない。植物にとってカフェインは、草食性昆虫に対する防御物質として用いられている。苦いコーヒーの豆や茶の若葉に含まれるカフェインが防御作用を示しているのは、よく知られた事実である。しかし、キューの科学者フィル・スティヴェンソンとその仲間の発見によると、カフェインはコーヒーの花の蜜にも含まれている。花の蜜は、当然、自然の花粉媒介者を誘引するための存在で、したがって、コーヒーの花蜜に含まれるカフェインの濃度は、ミツバチが感知できる濃度より低く、忌避作用はない。そのかわり、スティヴェンソンらの示した結果では、カフェインは、ミツバチが花蜜のある場所を認識し、記憶する能力を向上させる効果がある。花の匂い、色、形状などによって、ミツバチが好物の花を認識し記憶することは、すでによく知られている。ミツバチは、カフェインを含む花蜜を食することで、その花が、他の花よりもより好ましい花であると認識し記憶するものと考えられる。その結果、カフェインを含む花をより多く訪れ、より多くの花粉媒介を行うのである。ある植物が、他の植物より優位に立とうとする方法として、興味深い事例である。

カフェインの記憶増強作用を利用して、農家がイチゴ等の受粉促進用に購入する、商業ミツバチを訓練する方法が開発段階にある。イチゴは、数日間の中で複数回の受粉を行うことで、イギリスの消費者が満足する品質と収穫が期待される作物である。自然の花粉媒介者が減少し、十分な受粉が期待できない状況下で、農家は相当の経費を支払って、マルハナバチの集団を導入し、受粉を促進させて安定した収穫を得ている。しかし、これらの商業用ミツバチが、生垣の植物などに惑わされると、イチゴの受粉効率が低下してしまう。そこで、キューの科学者らは、商業用ミツバチに徐放性のイチゴの花の匂いとカフェインを含む餌を与え、イチゴが他の花よりも好ましい花であることを記憶する訓練を行っている。商業用ミツバチが、イチゴを他の植物より好ましいと認識すれば、受粉は促進され、少ない経費で多くの収穫が得られるとともに、野生種と自然受粉に対する影響を少なくできる。

我々は誰でも、アラビアコーヒー（*Coffea Arabica*）を焙煎、熱湯抽出したコーヒーの香りを知っているが、これからはコーヒーを、ミツバチにイチゴを認識させる道具として使用できるかもしれない。この例は、生物多様性の未開発な可能性の一部にすぎず、森林から分子化合物まで展望すると、調整サービスを提供し、環境負荷を減じる方法が多く存在しているはずである。可能性は大きく、その大半は未開発でまだ評価されるには至っていないものの、この可能性の扉を開け、その経済価値を計算することで、植物がいかに我々の生活に重要であるかを実感することができるであろう。

24

グリーンで快適な土地

1750年代に、コプレストン・ワレ・バンプフィデによって設計された、
ヘスターコンベ庭園の断崖作りの滝。

概念の変化に伴って、言葉も変化していく。以前、緑《グリーン》とは色を示す名前だったが、現在では、生活様式、哲学、政治的な抱負などを意味している。政府は、「歴史上、最もグリーン」でありたいと考えている（古い世代の政治家は当惑するかもしれない。彼らにとって「グリーン」とはゴルフ場の一部で、選挙の候補者ではない）。国際的には、国連が枠組みを提出した「グリーン経済」のように、数十年前には、意味を成さなかった表現もある。

自然と人類は、政策の実施、住居の建設、子供の教育、経済運営などと一体化した関係にある。23 章で見てきたように、その関係から何かを得るには、その価値を評価する方法が必要である。自然は我々に対して、さまざまなサービスを提供しているが、他のサービスと同様に、その内容を定量化し、評価し、生活の要因として考慮する必要がある。これは新たな発想で、したがって「自然資本」「生態系サービス」などの新しい用語が生まれてきた。現時点で認識されている、最も重要な生態系サービスとは、人類の幸福を支持するもので、地球の調整に加えて、審美的、精神的、教育的およびレクリエーション的なサービスを提供する。

特に、都市の住人は公園と樹木を求めている。この点でロンドンは、優れた都市である。その人工的に創造された環境は、辛辣な観察者である作家のピーター・アクロイドの言葉を借りれば「醜い都市」かもしれないが、その公園は、ヨーロッパの都市の中でも屈指のものである。

運動場や裏庭を備えた、これらの広大な敷地は、あらゆる野生生物に食料と隠れ家を提供する、生物多様性の宝庫になっている。しかし、このグリーン空間は、野生生物のためだけに重要なのではない。また、我々は、生物多様性のためだけに保護を行っているのではなく、我々自身のレクリエーションと余暇のために行動しているのである。これらは、人類社会に対して重要な資源を提供している生態系サービスである。それらには価値がある、すなわち自然資本である。

キューは、このサービスを十二分に提供している。勿論、真剣な科学の追究もキューでは行っている。しかし両者は、必ずしも調和・共存できずにもいる。

19世紀ロマン主義の芸術活動において、自然が作品の着想に取り入れられた。画家コンスタブルやターナーなどは、風景を描いて一世を風靡したし、詩人ワーズワースやコールリッジなどは、湖水地方を舞台に自然の哲理を詠んだ。作曲家メンデルスゾーンやベートーベンなどは、深遠な心理洞察のための媒介に、嵐や海の風景を描き出した。マサチューセッツの湖の辺に小屋を建て、2年2ヵ月と2日暮らしたアメリカの作家ヘンリー・デヴィッド・ソローのような例は珍しい。「私が森に行ったのは、生活の真実と正面から向き合い、ゆっくりと生活したいと思ったからである。森での生活が、私自身にもたらすものから、しっかりと学びたかったのである。死ぬ時になって、実は生きていなかったとは思いたくなかった」彼は、森での経験を余すところなく、1854年の著書「ウォールデン（森の生活）」で詳細に記述し、それ以来、自然回帰派の英雄とみなされている。

ジョセフ・フッカーのような、キューの園長だった生真面目な科学者には、そのような余裕はなく、彼の仕切る植物園が、上品なリラクセーションの場として、一般大衆に公開されることについて消極的であった。キューの「主たる目的は、科学と実利であり、レクリエーションの場ではないからである。単に娯楽やレクリエーションを求めている人々の動機は、無作法で騒々しいゲームのようなものだ」と強く主張していた。無作法な騒ぎと、つまらない植栽の鑑賞は、キューではなく、地元の公園で行える。フッカーは、熱心な植物学の学生や芸術家を除いて、誰も昼食前に入園することを許さず、一般公開の時間延長にも強く抵抗して

NOTICE

IS HEREBY GIVEN,

THAT BY THE

GRACIOUS PERMISSION OF HER MAJESTY,

THE

ROYAL
PLEASURE GROUNDS
AT KEW

Will be opened to the Public on every Day in the Week from the 18th of May, until Tuesday, the 30th of September, during the present Year,—on Sundays, from 2 o'clock P.M., and on every other Day in the Week from 1 o'clock P.M.

THE ACCESS to these Grounds will be in the Kew and Richmond Road, by the "Lion" and "Unicorn" Gates respectively; and, on the River Side of the Grounds by the Gate adjoining to the Brentford Ferry; the Entrance Gates to the Botanic Gardens on Kew Green being open as heretofore.

Communications will be opened between the Botanic Gardens and the Pleasure Gardens by Gates in the Wire Fence which separates the two.

It is requested that Visitors will abstain from carrying Baskets, Parcels, or Refreshments of any kind into the Grounds. Smoking in the Botanic Gardens is strictly prohibited. No Dogs admitted.

By Order of the Right Honourable the First Commissioner of Her Majesty's Works, &c.

Office of Works, April 15, 1856.

1856年、キューガーデンの開園時間を示すポスター。

いた。

ところが、イギリス工務局長官で国会議員のアクトン・スミー・エイルトンが関わってから、より大衆側の反対意見が出てきた。イギリス工務局は、1850 年から、森林局に代わってキューの管理を担当するようになったが、エイルトンは、大衆が植物や園芸に興味をもつことを支持していた。特に、科学の世界が男性に独占されていた当時、女性にとって植物園は、彼女らの興味と情熱に対して活動の場を提供していた。フッカーと、その反対勢力の間に論戦が始まった。個人的な評価におよぶと、フッカーの陰険な性格が禍して、彼の支持者や友人のダーウィンさえも、彼を「直情的で辛辣な性格」と評した。また、キューと国立博物館の自然史部門（後の自然史博物館）との間に猛烈な競争関係が生じ、互いに重要な植物標本の存在を主張した。事態はエイルトンが自然史博物館のリチャード・オーウェン側に付いたことで、危機的状況を迎える。彼らの考えは、キューの貴重な標本類を南キングストンに移し、キューを普通の公園に毛が生えた程度のものにすることであった。しかしフッカーは、ダーウィンや地質学者のチャールズ・ライエルらの支援を受けて、この戦いに勝利した。その後の両院議会での議論を経て、キューは重要な所蔵品を守り、エイルトンはキューの管理部門からは実質的に更迭された。エイルトンが選挙で議席を失った時、フッカーは、間違いなく大きな満足感を得たことであろう。

フッカーは、論争に勝ちはしたが、本来の争いには勝つことができなかった。最終的に、キューは科学の中心として残ったが、同時に大衆の遊興の場所にもなった。今日の科学者は、その両方の役割を果たすべきだと考えている。両者とも同様に、人類社会と福祉に重要で、特に健康には欠かすことのできない要素である。

1 章でも解説しているが、最も初期の植物園は、中世の「薬草」園で、医療用のハーブや植物を栽培していた。16 世紀から、医術の庭園——イタリアではピサやパドヴァ、フランスではモンペリエなどの医学校に薬

ライデン植物園の計画、1720年。

用植物を提供するようになった。庭園は学びの場でもあった。古代ギリシアの人々は、オリーブの木立（*grove*）の下で、議論し、学習し、そのことが、「学問の世界（*Groves of Academe*）」の語源になっている。

初期の庭園医師の多くは、修道士や他の宗教関係者で、修道院の庭で労働し、学び、祈ってきた。その後現在まで、庭園は食料や医薬などの原料を供給し、リラクセーションや瞑想の場を提供している。それは自然資本であり、生態系サービスの供給者である。

この自然保存と宗教の結びつきは、常に重要であった。メソポタミアやエジプトの寺院にも庭園があった。インドやヒンドゥーの寺院にも神聖な木立がある。仏教思想の庭園は中国や日本で隆盛をきわめている。神道の神社は、しばしば神聖な庭園とともにあり、そこには、日本杉が特別な崇拝の対象になっている。スカンディナヴィアでは木立全体が神聖とみなされる場所があり、その枝の下で、人間の生贄を捧げる儀式が行われた。中世ヨーロッパの修道院の「マリアの庭」は、処女マリアの象徴である花、植物、木々で満たされ、聖書の記述を彷彿させて、訪問者が神を身近に感じるように設計されていた。

「イギリスに限らず、世界中に異教徒の聖地がある」と、保存地域と聖地の関係を研究する、通信制大学の地理学講師ショニル・バグワットは語っている。「それらは通常、環状列石（ストーン・サークル）すなわちヘンジですが、しばしば、古い農耕の跡を伴っている。イギリスでは、数千本の古いイチイの木が調べられ、報告される」。イングランドの古い教会の庭のイチイに、精神的重要性があったことは間違いない。それは各地に広まり、村の墓地となっていった。

「聖地は、非常に異なった形状と形式をとる」とバグワットは語る。自然を崇める聖地は、寺院の木立、土着の森、農林業地の一画、神聖な川の河岸、海岸、神聖な湖の水辺などに見られる。このような変化と地理学的広がりが、聖地を理想的な生物多様性の保存場所にしている。

インドが良い例である。この国の科学環境センターは、今日、約14,000の神聖な木立を記録している。ラージャスターンの密林からケララの熱帯雨林まで、その地位と地域共同体による保護が、樹木伐採などの破壊行為から聖地を守り、生物多様性の貴重な保護地になっている。メガラヤの神聖な森では、植物種の半数が、地元の植物学者によって希少種に分類され、その中には、何十年間もその地域から消滅したと考えられていた種もあった。

このような神聖な森のいくつかは、*nataknar* の木（貴重な家畜の胃障

Tab. 135.

PODOCARPUS Nageia.

Podocarpus、ナギの木。

害に用いる）や、テングスズメウリ（*Melothria heterophylla*）、食用クワなど伝統的薬草の原料供給地であり、また他のインドの森は、その根と花が疥癬《かいせん》、発熱、胃障害に用いられる低木（*Carissa carandas*）の供給地になっている。インドの神聖な森は、地域の家庭菜園にもなっている。西インドの村人は、その実と乾燥花を地元料理のスパイスに使用する *chirpal* の木（*Zanthoxylum rhetsa*）のような植物を大切にしている。一方、コンカンの森では、*chitlea* として知られる食用キノコが、大量採集にあっている。

マハラシュトラの地域では、村人が地域の神聖な森について、生物多様性を記録し始めている。「多くの人々が訪れ、ここの森に生育する木々や植物に関心を示している。教育のある人々を引き付けるものは何か？以前は好奇心の対象でした」と地元の小学校教師ダーマ・ロカンデは語っている。「そこで、地元の木や植物の記録を取ることを始めた。私たちの最終目標は、外来者、特に製薬会社に対して、無知が有利に働かないようにすることです」

神聖な場所の中には、天然の希少種の楽園となっている場所もある。日本の下鴨神社の森には約 40 種の落葉樹があり、樹齢 600 年を超えるケヤキやエノキが、京都南部の原生林風景を保っている。新潟の弥彦神社の聖なる森には、チンカピンの木が鎮座している。沖縄の斎場《せーふぁ》御嶽《うたき》のような聖地では、自生のクバの木や、野生のシナモンであるヤブニッケイ（*Cinnamomum yabunikkei*）が保存されている。奈良、春日神社のナギ（*Podocarpus* の仲間）の森には、春日スギ、イチイ、アセビなどが共生し、1998 年にはユネスコの世界遺産に登録された。

多様性のある地域は、宗教観の有無にかかわらず「精神性」の高い場所である。「シエラネバダのセコイア、オーストラリアのユーカリ、イングランドのブナ林など、強い精神性を示す木々がある」と、キューの園芸部長リチャード・バーレイは語っている。ショニル・バグワットは、そのような精神性の高い場所間の、相互関係を強調することに熱心で、「人類の存在が圧倒的な、この惑星において、自然保護とは、グリーン環境網の保全に他ならない」と語る。「個々の木や木立の保護は、自然保護の観点からは、重要ではないが、個々をネットワークの一部として認識すると、自然界を見る視点が異なってくる。地球上の神聖な場所や地域は、人間の身体にたとえれば鍼灸のツボに相当し、一種の治療作用を有している。その相互関係は重要で、個々には存在できない」。科学的に重要な生物多様性は、熟考の上、それぞれが、自然資本および生態系サービスとして保全される。キューは、その科学的見地と、ロンドンや世界各地からキューを訪れる人々の関心を融合させることを目標としている。

植物園自然保護国際機構による最近の報告は、「植物園は、入場者を増やし、地域の関心と要求に応えるために試行錯誤してきた」。しかし、イギリスの130を超える植物園の中で、「社会と環境の変化に、十分に対応できる」場所はほとんどない。この報告書は、人々に植物を楽しむと同時に、それらを理解することを求めている。「私は常に、豊富な実体験による興味の惹起を心がけている。それによって、我々の生きた標本の価値が高められるのです」と、リチャード・バーレイは語る。この報告書は「自然とのつながりを断った多くの人々が暮らす社会において、一方で、気候変動や種の絶滅の傾向は、21世紀中も進行することが予想される。植物園は、人々と自然のつながりを再構築する上で、重要な役割を担っている」と提言している。

訪問者の関心を引き付ける企画としての成功例に、チェルシー薬草園の「棚待ち」企画がある。植物は、身近な製品の原料で、小麦の麦芽はビスケット、ジャガイモはポテトチップ、ピーナッツはピーナッツバターに変身し、訪問者を喜ばせている。子供達は、どの植物がどんな食品になるかを知って、驚くというものだ。

バーレイは、「植物園の大半は、訪問者に対して、さまざまな経験を通して興味を提供している。大胆な展示物、香りの庭園、鳴り物との競演、子供の情景などである。訪問者の経験が、記憶に残り、魅力的で、できれば彼らを変質させるようなものでなければならない、と考えるようになってきた」と述べている。

バーレイは、園芸好きな人々が、荒廃した放棄地に植物を植える「花ゲリラ」の愛好家でもある。「とにかく、素晴らしい活動だ」とバーレイは言う。「公共の潜在的な利益と、植物が自生する好機が実を結び素晴らしい形になるからだ」

グリーンスペースには、さまざまな形態がある。その生物多様性を保存することは、地球にとって確かに良いことであると同時に、我々自身にとっても大切なことである。

25

偉大な提供者

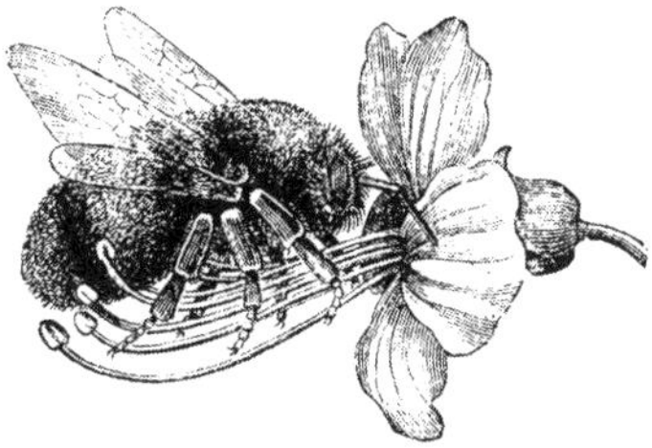

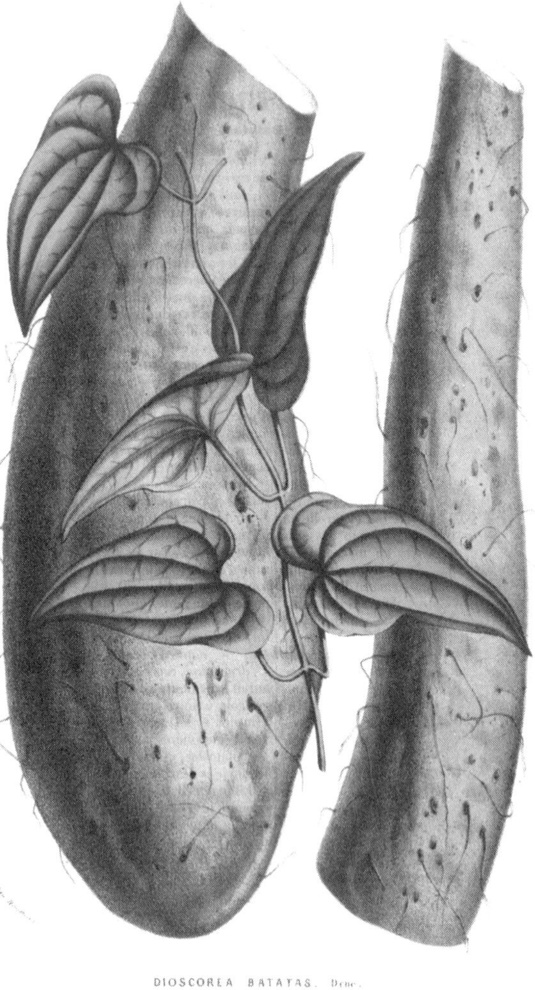

DIOSCOREA BATATAS. Dcne.
Igname de Chine. Rhizome de grand. nat.

ヤムイモは、
「新しい」食用作物として、有望である。

18世紀の終わり、ジョセフ・バンクスが指揮を執っていたキューの創成期には、イギリスの将来展望は明るく開け、帝国とその産業は、貿易と海運に新しい時代の幕開けを感じていた。依然として、飢餓の問題は存在していたが、医学の進歩と富みの蓄積は、人々をより健康的にし、出生率は上昇していた。世界の多様な植物相には、科学と産業の分野で有用な植物種が、豊富に存在することも明らかとなっていた。2章で説明したように、バンクスの考えはこの新興の植物資源によって、不毛の地に生産性を与え、増加するイギリスの人口を支え、帝国の発展に資するというものであった。

バンクスは、彼の描く世界の目標を正確には把握していなかったが、キューにおける彼の後継者は、世界中に植物園を設立し、植物を利用した有用品の開発を助けた。キューの支援のもと、イギリスの植民地ではコーヒー、オレンジ、アーモンド、ゴム、マホガニーなどが生産された。ジョセフ・チェンバレンは、植民地大臣だった時、下院で次のように述べていた。「今日、重要な植民地における繁栄は、キューガーデンの権威と援助によって実現した、知識と経験によるものと言って差し支えないでしょう」

植民地時代に、約束されたものすべてを手に入れたわけではない。大英帝国が崩壊すると、独立した国々は遺産の継承をめぐって争った。工業化は世界の気候にさまざまな影響を与えたが、我々は、今漸くそのことを理解し始めた。自然の生態系保全より、農地のための開墾、都市の形成などが優先され、地球の住環境維持に必要な生態系サービスを傷つけた。地球上の人口は、現在の71億人から、2050年には97億人に増加すると予測されているが、農耕に適した土地は限られ、食糧問題は将来の大きな課題である。

これは容易ならざる負の遺産であり、近年、地球を襲った損害を埋め合わせる努力の中には、バンクスが描いた考え方が存在する。直面する重大な問題に対して、どのような方法を用いるにせよ、世界的な取り組みが必要で、気候変動、生物多様性の消失、汚染などの問題に対しては国境を越えた努力が求められる。バンクスが、植物に潜在的な有用性を感じたように、我々は世界の生物多様性に経済的な価値を認める必要がある。今日の経済モデルは、生産と消費が無限に拡大することを前提にしているが、財政拡大と環境問題を分けて考えることはできない。これは、生態系とそのサービスに十分な価値を与えることで、政府と企業は、社会及び人間福祉に対する、その経済価値を享受できるということである。生物多様性の保存を怠れば、重要な生態系サービスを失う危険性がある。生態系サービスを人工的なサービスで補うことは、経済的に高いコストにつながり、その影響を最も強く受けるのが世界の貧困層になる。

250 年間にわたって、植物科学の中心として存在してきたキューは、

我々が摂取する食物エネルギーの 60% は、
米、トウモロコシ、小麦の 3 種の農作物から得られている。

気候と土地利用の変化に対する、地球規模の挑戦の中心となるべき存在で、持続性の向上に関わる議論においても主導的立場にある。そのミレニアム種子銀行、標本室、真菌類標本など、他に類を見ない収集品と、分類学者、体系学者、遺伝学者などが一体となった研究班が、植物と真菌類が人類社会に対して担っている役割を理解するための、地球規模の資源となっている。キューの300名を超える科学者と技術者は、新たな食料、バイオ燃料、その他の有用品に関わる植物種を含めて、世界的な植物相への深い知識を有している。さらに、おそらく最も重要なのは、キューが生きた植物組織由来の遺伝子情報の収集を続けていることで、それらを用いて遺伝的多様性や柔軟性を現代の農作物に還元することで、生物多様性の消失や気候変動に実質的に対応することができる。

プライスウォーターハウスクーパース株式会社(PwC)は、現代農業作物の野生近縁種が有する遺伝的多様性の貨幣価値を算出しようとしている。14章で説明したように、これらの野生近縁種には、旱魃《かんばつ》への耐性、気候変動への適応性など、有用な特性が含まれている。そのような特性は、高収量とより優れた風味を追求した、最近の作物からは失われている。しかし、将来予想される気候変動に対処するには、作物が気象の変化に適応できる必要がある。唯一の解決法は、現代作物の野生近縁種で遺伝的多様性を有する植物種を探し出し、必要な特性を現代農業作物に導入することである。プライスウォーターハウスクーパースは、世界の農産業に対して、野生近縁種の有する遺伝子源の価値は2,000億米ドル(1,160億ポンド)に達するとしている。

担当者のひとりリチャード・トンプソンは、試算に至る過程を、以下のように説明している。

> 多くの情報を分析し、約40名の産業界の人々と面談して、野生近縁種を用いることで、収穫が改善する証拠を可能な限り収集した。

> その上で、情報を巨大な財政モデルに変換した。さらに収穫改善効果の内、野生近縁種の特性が関与する割合を算出するため、種々の仮定を設定した。そして、収穫の利益を卸価格でドルに変換した。最初に、小麦、米、ジャガイモについて試算したが、これらの作物が世界的に広く栽培され、野生近縁種の効果が、ある程度研究されているからであった。その結果を、すべての作物に当てはめて、合計したところ2,000億米ドルの利益があると試算された。

これは大きな数字で、収穫改善に野生近縁種の利用が、大きな効果を示すことが明らかとなっている。ジャガイモの病気を例にとれば、この病気は19世紀中頃のアイルランド農業を荒廃させた。病気が壊滅的であった理由のひとつは、当時の農家が一様に「*Lumper*」と呼ばれる品種を栽培していたことにある。それらを分別なく増殖させていたため、すべてのジャガイモが遺伝的に同一のクローンであった。さらに不幸なことには「*Lumper*」は、病気の原因である *Phytophthora infeestans*（疫病菌）に対する感受性が、特に高かったのである。このような悲劇を繰り返すことのないように、今日の農家は、ジャガイモの品種に遺伝的多様性を付加する努力を行っている。

「野生近縁種を用いることで、ジャガイモの病気を30％減少させられるとする研究が多数存在する。言い換えれば、特定の野生近縁種によって、ジャガイモの収穫が30％増えるということである。供給網全体を考えると、産業界にとって大きな数字となる」とリチャードは語っている。

別の研究では、生物多様性が提供する、受粉を含む生態系サービスが、個々の農家に与える利益を評価している。昆虫による受粉（特にミツバチ）が、リンゴ、タマネギからキャベツまで、多くの植物の繁殖に必要であることは、広く認識されている。一方、あまり知られていないのが、栽培作物の近くに、花粉媒介昆虫が巣を作る適切な環境がないと、受粉が阻害されることである。これは、ミツバチの多くが巣から1キロメー

コーヒーの木、
Coffea arabica。

トルを超えては行動しないことからもわかる。したがって、耕作地近郊で昆虫の生息地を提供するような、生物多様性に富む場所が減少すると、収穫に大きな影響が出る。

この点は、スタンフォード大学の世界自然基金と米国カンサス大学の共同研究によって明確に示されている。彼らは、耕作地に隣接する森の生物多様性保全による、経済効果を明確に示した。この科学者たちは、農場の収穫と市場価格を調査し、コスタリカのコーヒー農園に隣接する、熱帯林に生息する野生ミツバチによる、受粉によって得られる経済価値を試算した。

彼らは、これらミツバチの生息に適した生物多様性に富む森と農地の間の距離が、コーヒーの収穫に直接的影響を及ぼすことを明らかにし、森との距離が約1キロメートル以内の農地では収穫量が20% 多いことを示した。2個のコーヒー種子の片方しか受粉せずに、コーヒー豆が小型化する現象を減らすことによって、森に隣接する農園のコーヒーの品質は27% 向上する。研究者の試算によれば、野生ミツバチの受粉行動によって得られる利益は、2002 ～ 2003 年の1年間で60,000 米ドル（35,000 ポンド）に達している。このような生物多様性に富んだ森を保護することは、生態系サービスの維持につながるのである。炭素貯蔵や水浄化など、同様の生態系サービスの経済的価値も計算すると、農地内に存在する森を保全する意味が、その地主にも確実に伝わっている。

コーヒー産業は、生物多様性の消失と気候変動に特に脆弱である。コーヒーには124 種が知られているが、商業生産されているのは、わずかに2種のみである。それは *Coffea arabica*（アラビアコーヒー）と *C. canephora*（ロブスタコーヒー）である。この内、*C. arabica* が最も優れた風味をもち、主に農業生産されている。原産地はエチオピアと推定され、50,000 ～ 100 万年前のどこかで、一度だけ *C. canephora* と *C. eugenioides* が交配して誕生した。*Coffea arabica* は、15 世紀に流通が始まり、栽培農園ではしばしば、ひとつの個体から栽培するため、その遺伝的多様性は低下した。「世界中の農園で栽培されているコーヒーの遺伝子上の違いは1% 以下」と、キュー標本室のコーヒー研究部門の責任者アーロン・デイヴィスは語っている。

今日、これらの植物は、世界第2位の国際取引商品である。病気や旱魃に対する遺伝的な耐性は、遺伝的に脆弱な栽培品種に再導入することが可能だが、*Coffea arabica* に関してはもう時間がない。2012 年キューが行った調査では、気候変動によって、2080 年までにエチオピアおよび南スーダンで野生の *Coffea arabica* が生育できる環境は 65% ないし 100% 失われる。この事実には、将来のコーヒー産業にとって重大な意味がある。コーヒー産業は、世界で 2500 万家族、1 億人以上の生活を支えている。「2080 年の環境は、現在のそれとは異なっている」と、将来の気候予測に関わっている、キューの地理学情報システム部ジャスティン・モアットは説明している。「我々は気候の変化を予想できる。将来もコーヒー栽培を現在の場所で続けるには、そのための方策が必要で、それができなければ、別の場所に移動しなければならない。何か行動を起こさなければならない。そのための情報も時間もあるのだ」

Coffea arabica が永久に失われた場合には、現在は未開発のコーヒー種を試すこともできることだろう。ただしその多くが、土地利用変更の関係などから、その生育地が危険に曝されている。マダガスカルには 60 種のコーヒー種が生育しているが、非商業的なコーヒー種にも、他の利用方法がある。19 世紀の探検家デヴィッド・リヴィングストンは、サハラ砂漠以南のアフリカの地で、コーヒーの木から帽子が作られていることを報告している。コーヒーの木は、まっすぐで強く、シロアリにも抵抗性のある木材で、家具材料としての可能性がある。その果実と葉は食用で、青い果実はダイエットに用いられる。その葉は茶に、その新鮮な果実は種々の飲料へと加工される。

新しい食用作物という意味では、ヤム（*Dioscorea* 種）に大きな可能性がある。熱帯には、野生の固有種から有用性の高い栽培種まで、600 種のヤムが生育している。ヤムは、西アフリカを中心とする、熱帯および亜熱帯地域における主食産物だが、穀類の栽培が可能な地域では低い評価を受けている。いずれにせよ、他の農作物が凶作の場合には、重要な代替作物になる。「ヤムは飢餓時の食物である」とキューの標本室でヤムを専門にするポール・ウィルキンは語っている。「状況が厳しくなれば、人々はヤムを食べる」

アジア、アフリカにおいて顕著な、気候変動と人口増加に対する、差し迫った世界的対応において、ヤムは代替作物として有望であることが示されている。ヤムは、地下に大きな根茎という貯蔵庫を有し、乾燥気候にも耐えることができる。米やトウモロコシなどの穀類は、栽培に大量の水を必要とし、旱魃に対しては脆弱である。ウィルキンは説明する。「ヤムは良質で安全な作物である。科学者は、ヤムを現在の農法に適した作物に改良すべきである。現時点では、ヤムは世界的な経済システムに組み込まれていない。誰もが好んで食べる食品ではないかもしれないが、何かを食べる必要に迫られた場合には重要な存在になる」

コーヒーとヤムの例は、キューの植物に対する知識が、新しい商品作物の開発に、いかに重要かを示している。実際、キューの中心的役割は、ジョージ王朝やヴィクトリア時代の管理者によって確立されたものである。ジョセフ・バンクスが、今日のキューの活動を見たならば、キューが 250 年にわたって蓄積した、その比類なき専門技術を用いて、将来の世代の食料と飲料確保を目的として、柔軟な目標を掲げていることに満足することだろう。植物のもつ可能性に商品価値を見出す強い姿勢を、彼は間違いなく支持し、キューが過去にゴムなどの産業を立ち上げた経緯を喜ぶであろう（望ましくは、これら植民地企業が、人類の幸福や、複雑に入り組んだ植物界に与えた影響に、責任も感じてもらうこと）。

バンクスを最も驚かす遺産は、おそらく彼が最初に海外から導入した、アフリカ産のソテツと、食用植物の *Encephalartos altersteinii* で、今でもパーム・ハウスで生育している。キュー自身がそうであるように、植物科学の真髄は、18 世紀の開花時から今日まで、その変化を脈々と継承しているのである。

訳者あとがき

本書は、イギリスの王立キュー植物園の科学部長キャシィ・ウイリスと、元王立地理学会誌の編集長を務めたキャロリン・フライの共著による大著で、その内容は英国放送協会（BBC）から２５回のシリーズで放送されたものです。本書では、キュー植物園250年以上の歴史（1759年設立）の中で、植物学の発展過程が、多くの具体的事象をもとに、詳細、かつ明解に記述されています。登場人物は、古代ギリシアのアリストテレスから、リンネ、ダーウィン、メンデル、ヴァヴァイロフなどの高名な学者に加え、ターナー、コンスタブルなどの画家、ヤナーチェク、メンデルスゾーン、ベートーベンなどの音楽家、クック、コロンブスらの探検家、さらに、キュー植物園の発展に欠かすことのできなかったフッカー親子など、多彩な分野の人々の活躍が描かれています。

時代背景もさまざまで、フランス革命、第一次世界大戦、世界恐慌、第二次世界大戦、ＥＵの発足から、環境問題が深刻さを増す現代まで、植物と人間の営みの関係が有機的に説明されています。特に、第二次世界大戦の独ソ戦下、ドイツ軍によるレニングラード包囲の中で、寒さと飢餓に耐えて、貴重な種子標本を命がけで守った逸話などは圧巻です。舞台となる地域も世界中に広がり、大英帝国の植民地であった東南アジア、英領ギニア、オーストラリアをはじめ、中国、日本、南北アメリカ、ヒマラヤ、アマゾン、タンザニア、マダガスカル、カメルーン、南アフリカ、ラップランドから南極にまで及びます。

本書では、植物の病気が大きな社会問題となった事例が紹介され、現代および未来への警告となっています。19世紀のアイルランドを襲った、ジャガイモの枯れ病は、食糧生産をジャガイモ生産に強く依存していたアイルランド全土に壊滅的な被害を及ぼし、飢餓の蔓延と、離農者、移民の発生も引き起こしました。この惨事は、単一の栽培品種のみに農業が依存していたことが原因のひとつで、決して過去の出来事ではありません。同様の危険性は、現代の農業生産にも存在し、したがって、野生種のもつ遺伝子多様性の保存と利用が重要であることが後章で詳しく記述されています。かつて、ヨーロッパ全土を華やかに飾ったセイヨウハルニレの雄姿が崩壊し始めたのは、つい50年ほど前で、現在では成木を見ることができない状況は悲しい出来事ですが、原因のオランダハルニレ病に対する治療や予防対策は、いまだに実現していません。現在育成中の若木に、このカビ病に対する抵抗性が存在することを祈るのみです。訳者は大学で「植物病学」の講義を担当していますが、いったん病気を発症した植物への治療は非常に難しく、伝染性の場合には、発症した個体を含め、広い地域の植物を抜去・焼却する以外に対応策がないのが現状です。ここでも、野生種がもつ、遺伝的多様性を導入して、ヒトでいうところの「免疫力」を付与することが唯一の方法で、本書後半で語られる、生物多様性と生態系保存の重要性が改めて認識されます。

植物は、医薬品の供給源としても重要で、現代医学で使用されている薬剤の3分の2は植物由来ともいわれています。人類を細菌感染症（結核、ペスト、コレラ、肺炎、チフス、赤痢など）の恐怖から解放した抗生物質も、植物の一種であるカビの産物です。歴史的には、アヘン（モルヒネ）、キツネノテブクロ（ジギタリス）、キナ（キニーネ）などの利用が古く、特に、南方植民地におけるマラリア対策が必要だったイギリスでは、キナ皮の確保に苦心した過程が記述されています。人類最初の合成医薬品であるアスピリン（アセチルサリチル酸）も、柳の葉や樹皮が産するサリシンという物質がもとになってデザインされ、永遠の新薬として、現在でも広く使用されています。インフルエンザの季節になると欠かせないタミフルは、合成医薬品ですが、核になる化学構造を大量合成することが困難で、当初は植物（八角ウイキョウ）からの抽出に依存していました。癌は、現代でも治療の困難な病気の代表ですが、その治療薬も、多くを植物に依存しています。かつて、小児白血病を発症すると５人に４人は、この病気が原因で死亡していましたが、現在では５人中４人が完治するといわれています。この治療に貢献したのが、本書にも登場する、ニチニチソウという植物から得られるビンカアルカロイドです。植物は、現代の有機合成化学の技術では、到底及ばない複雑な構造の成分を効率的かつ大量に生合成することができます。我々は、食糧のみならず、医薬品の分野でも植物の力に大きく依存しているのです。

最後に、植物園の役割についての重要な記述があります。私たちは植物園とは、週末に散策に出かけ、緑の木々や花々を鑑賞する場所と思いがちです。しかし、植物園はキュー植物園（王立・国管轄）、新宿御苑（環境省管轄）など公的な機関で、娯楽提供だけを目的にした場所ではないということです。植物園を純粋な研究機関と考えるジョセフ・フッカーと、大衆利用の拡大を主張する国会議員アクトン・スミー・エイルトンとの論争は象徴的なものです。結果的には、フッカーの主張が尊重されますが、植物園は、国家レベルで国民の生活と食糧供給、そして時には軍事物資の供給を確保する、国家戦略の場所であることは明らかです。本書では、戦略物資であるゴムの確保に、国際法への抵触の危険も冒して取り組んだキューの姿が掲載されています。身近で、一見静かな存在の植物園ですが、その内部では、熱い情熱と弛まぬ努力が進行していることが伝わってきます。

2015 年 4 月 15 日

川口　健夫

図版クレジット

下記以外のすべての図版は 王立植物園キューガーデンの管財委員会が所有しています。© Board of Trustees of the Royal Botanic Gardens, Kew.

本文 : p.v, The Botanic Macaroni, etching by Matthew Darly, 1772, © The Trustees of the British Museum; p.1, Rudbeck woodcut of Linnaea borealis by permission of the Linnean Society of London; p.17, John Hawkesworth, Voyages, Vol. 2, 1773; p.42, World History Archive/Alamy; p.48, © The Armitt Trust; p.63, Illustrated London News, November 1849; p.68, The Stapleton Collection/Bridgeman Art Library; p.71, Illustrated London News, January 1851; p.120, James King-Holmes/Science Photo Library; p.123, John Innes Archives courtesy of the John Innes Foundation; p.125, Morphart Creation/Shutterstock; p.131, Paul B. Moore/ Shutterstock; p.147, Universal Images Group Ltd/Alamy; p.148, Niall Benvie/Alamy; p.153, Philip Scalia/Alamy; p.160, Mary Evans Picture Library/John Massey Stewart Collection; p.222, Oliver Whaley; p.236, Amborella trichopoda by Alice Tangerini /Shirley Sherwood Collection; p.252, John Dransfield; p.257, pio3/ Shutterstock; p.262, Peter Gasson; p.264, William J. Baker; p.270, The Stapleton Collection/Bridgeman Art Library; p.281, Quagga Media/Alamy. Colour plate sections: 1/4 above, © The Trustees of The Natural History Museum, London; 1/4 below, by permission of the Linnean Society of London; 2/1 below, Michael Graham-Stewart/Bridgeman Art Library; 2/7, Angraecum sesquipedale by Judi Stone; 3/1 above right and below, Colin Clubbe; 3/3 above, National Gallery London/Bridgeman Art Library; 3/3 below, Leslie Garland Picture Library/Alamy; 4/1 above and below, Henk Beentje; 4/3, John Dransfield; 4/8 above, Heather Angel/Natural Visions; 4/8 below, Laura Martinez-suz.

努力義務として正しい著作権表記に努めたものの、間違いや脱落があれば、John Murray は次の版で追加表記します。

口絵 : 1, Rudbeck woodcut of Linnaea borealis; 2, Wardian case, for growing ferns; 3, stamp marking William Hooker's herbarium sheets at Kew; 4, potato, from John Gerard's Herbal or General Historie of Plantes, 1633; 5, Phormium tenax, the New Zealand flax; 6, Annie Paxton standing on Victoria amazonica leaf; 7, rubber seedling (Hevea brasiliensis); 8, Stanhopea orchid in the wild, from James Bateman's The Orchidaceae of Mexico and Guatemala, 1837–43; 9, Lantana camara, invasive plant, native of South America; 10, Gregor Mendel; 11, microscope, engraved illustration, 1889; 12, adder's tongue fern (Ophioglossum), a record-breaking polyploid, having 96 sets of chromosomes; 13, European elm bark beetle (Scolytus multistriatus); 14, Bright wheat, from John Gerard's Herbal or General Historie of Plantes, 1633; 15, packets of quinine from India, each containing five grains of pure quinine, commonly sold at post offices; 16, illustration from Charles Darwin's The Movements and Habits of Climbing Plants, 1876; 17, Nymphaea thermarum, the Rwandan pigmy waterlily, by Lucy T. Smith; 18, acorns and oak leaves from John Gerard's Herbal or General Historie of Plantes, 1633; 19, Centaurea melitensis seeds; 20, Arabidopsis thaliana; 21, tree of plant evolution; 22, palm from Roxburgh Collection, painted in Calcutta; 23, globe, engraved illustration, 1851; 24, detail from sacred Hindu grove near Chandod on the banks of the Narmada river, 1782; 25, engraving of bee pollinating flower.

参考文献

Robert Allan, Mea, *The Hookers of Kew, 1785–1911*, Michael Joseph, 1967

Banks, Joseph, *The Journal of Joseph Banks in the Endeavour, 1768– 1771*, Genesis Publications, 1980

Banks, R.E.R., Elliott, B., Hawkes, J.G., King-Hele, D. and Lucas, G.L. (eds), *Sir Joseph Banks: A Global Perspective*, Royal Botanic Gardens, Kew, 1994

Bateman, James, *The Orchidaceae of Mexico & Guatemala*, Ridgway & Sons, 1837–43

Blunt, Wilfrid, *Linnaeus: The Compleat Naturalist*, Frances Lincoln, 2004

Brasier, Clive, 'New Horizons in Dutch Elm Disease Control', *Report on Forest Research*, HMSO, 1996

Chambers, Neil (ed.), *Scientific Correspondence of Sir Joseph Banks, 1765–1820*, Pickering and Chatto, 2007

Colquhoun, Kate, *'The Busiest Man in England': A Life of Joseph Paxton, Gardener, Architect and Victorian Visionary*, Fourth Estate, 2006

Craft, Paul, Riffle, Robert Lee and Zona, Scott, *The Encyclopedia of Cultivated Palms*, Timber Press, 2012

Darwin, Charles, *On the Origin of Species by Means of Natural Selection*, John Murray, 1859　邦訳「種の起源」岩波文庫、光文社文庫ほか

Desmond, Ray, *Sir Joseph Dalton Hooker: Traveller and Plant Collector*, Antique Collectors' Club, 1999

—— , *The History of the Royal Botanic Gardens, Kew*, 2nd edn, Royal Botanic Gardens, Kew, 2007

Dransfield, John, Uhl, Natalie W., Asmussen, Conny B., Baker, William J., Harley, Madeline M. and Lewis, Carl E., *Genera Palmarum: The Evolution and Classification of Palms*, 2nd edn, Royal Botanic Gardens, Kew, 2008

Endersby, Jim, *A Guinea Pig's History of Biology: The Animals and Plants Who Taught Us the Facts of Life*, William Heinemann, 2007

—— , *Imperial Nature: Joseph Hooker and the Practices of Victorian Science*, Chicago, IL: University of Chicago Press, 2008

—— , *Orchid*, Reaktion Books (forthcoming) Flanagan, Mark and Kirkham, Tony, *Wilson's China: A Century On*, Royal Botanic Gardens, Kew, 2009

Fry, Carolyn, *The World of Kew*, BBC Books, 2006

—— , *The Plant Hunters: The Adventures of the World's Greatest Botanical*

Explorers, Andre Deutsch, 2009

——, Seddon, Sue and Vines, Gail, *The Last Great Plant Hunt: The Story of Kew's Millennium Seed Bank*, Royal Botanic Gardens, Kew, 2011

Greene, E.L., *Landmarks of Botanical History*, Redwood City, CA: Stanford University Press, 1983

Griggs, Patricia, *Joseph Hooker: Botanical Trailblazer*, Royal Botanic Gardens, Kew, 2011

Harberd, Nicholas, *Seed to Seed: The Secret Life of Plants*, Bloomsbury, 2006

Holway, Tatiana, *The Flower of Empire: An Amazonian Water Lily, the Quest to Make it Bloom, and the World it Created*, Oxford University Press, 2013

Honigsbaum, Mark, *The Fever Trail: The Hunt for the Cure for Malaria*, Macmillan, 2001

Hoyles, M., *The Story of Gardening*, Journeyman, 1991

Jarvis, Charlie, *Order Out of Chaos: Linnaean Plant Names and Their Types*, Linnean Society of London, 2007

Jeffreys, Diarmuid, *Aspirin: The Remarkable Story of a Wonder Drug*, Bloomsbury, 2004

Kingsbury, Noël, *Hybrid: The History and Science of Plant Breeding*, Chicago, IL: University of Chicago Press, 2009

Koerner, Lisbet, *Linnaeus: Nature and Nation*, Cambridge, MA: Harvard University Press, 1999

Lack, H. Walter and Baker, William J., *The World of Palms*, Berlin: Botanischer Garten und Botanisches Museum Berlin-Dahlem, 2011

Loadman, John, *Tears of the Tree: The Story of Rubber – A Modern Marvel*, Oxford University Press, 2005

Loskutov, Igor, G., *Vavilov and His Institute: A History of the World Collection of Plant Genetic Resources in Russia*, Rome: International Plant Genetic Resources Institute, 1999

Mawer, Simon, *Gregor Mendel: Planting the Seeds of Genetics*, New York: Abrams, 2006

Money, Nicholas P., *The Triumph of the Fungi: A Rotten History*, Oxford University Press, 2007

Morgan, J. and Richards, A., *A Paradise Out of a Common Field: The Pleasures and Plenty of the Victorian Garden*, Century, 1990

Morton, Alan G., *History of Botanical Science: An Account of the Development of Botany from Ancient Times to the Present Day*, Academic Press, 1981

Nabhan, Gary Paul, *Where Our Food Comes From: Retracing Nikolay Vavilov's Quest to End Famine*, Island Press, 2009

Pringle, Peter, *The Murder of Nikolai Vavilov: The Story of Stalin's Persecution of One of the Great Scientists of the Twentieth Century*, Simon and Schuster, 2008

Saunders, G., *Picturing Plants: An Analytical History of Botanical Illustration*, 2nd edn, Chicago, IL: University of Chicago Press, 2009

Schiebinger, *L., Plants and Empire: Colonial Bioprospecting in the Atlantic World,* Cambridge, MA: Harvard University Press, 2004

Schumann, Gail Lynn, *Hungry Planet: Stories of Plant Diseases*, St Paul, MN: APS Press, 2012

Suttor, George, *Memoirs Historical and Scientific of the Right Honourable Joseph Banks, BART*, Parramatta, NSW: E. Mason, 1855

Turrill, W.B., *Pioneer Plant Geography: The Phytogeographical Researches of Sir Joseph Dalton Hooker*, The Hague: Martinus Nijhoff, 1953

Weber, Ewald, *Invasive Plant Species of the World: A Reference Guide to Environmental Weeds*, CABI Publishing, 2003

Willis, Kathy and McElwain, Jennifer, *The Evolution of Plants*, Oxford University Press, 2013

オンライン情報

Darwin Correspondence Project: http://www.darwinproject.ac.uk/

Darwin Online: http://darwin-online.org.uk

Joseph Hooker Correspondence Project: http://www.kew.org/science-conservation/collections/joseph-hooker

Royal Botanic Gardens, Kew: http://www.kew.org

索　引

口絵：カラー頁を指し、登場順に口絵1､2…としている。

用　語

〈た〉

人　名

謝　辞

著者は、本書を執筆する間に、有用なアドバイスと編集に携わった次の方々に対して感謝いたします。

Bill Baker, Richard Barley, Henk Beentje, Paul Cannon, Mark Chase, Colin Clubbe, Aaron Davis, Steve Davis, Iain Darbyshire, Bryn Dentinger, John Dransfield, Lauren Gardiner, Tim Harris, Andrew Jackson, Tony Kirkham, Geoffrey Kite, Ilia Leitch, Viswambharan Sarasan, André Schuiteman, Monique Simmonds, Nigel Veitch, Lucy Smith, Paul Smith, Wolfgang Stuppy, Scott Taylor, Oliver Whaley and Paul Wilkin of the Royal Botanic Gardens, Kew; Linda Brooks and Gina Douglas of the Linnean Society of London; and Shonil Bhagwat of the Open University. Special thanks to Kew's Gina Fullerlove and Mark Nesbitt, to Jim Endersby for commenting on the entire text and to Craig Brough and Kew's library and archives team for helping locate publications during the research process.

The publishing team at the Royal Botanic Gardens, Kew would like to thank all of the above and in addition Lynn Parker, Julia Buckley and other members of Kew's Library, Art and Archives team; Kew photographers Paul Little and Andrew McRobb; Jane Ellison, Katie Pollard, Adrian Washbourne and Jen Whyntie at the BBC; Georgina Laycock, Caroline Westmore, Juliet Brightmore, Sara Marafini and Amanda Jones at John Murray; Heather Angel, acknowledgements Begoña Aguirre-Hudson, Christine Beard, Elaine Charwat, Tim Harris, Christopher Mills, Laura Martinez-suz, Lynn Modaberi, Vicky Murphy, Sarah Philips, Anna Quenby, Greg Redwood, Shirley Sherwood, Michiel van Slageren, Rhian Smith and Maria Vorontsova. Very special thanks go to the author team, Kathy Willis, Carolyn Fry, Norman Miller and Emma Townshend, for making this book project possible.

著者

キャシィ・ウイリス　Kathy Willis

キューガーデン（王立植物園）の科学部長。オックスフォード大学の生物学的多様性の教授であり、マートン・カレッジの特別研究員。 いくつかの受賞歴があり、オックスフォード大学とケンブリッジで生物多様性保全の研究と教鞭を24年以上にわたりおこなっている。

キャロリン・フライ　Carolyn Fry

科学ライター。『プラント・ハンター』（Europian Garden Book Prize 受賞）を含む7冊の成功した本を執筆。 以前は、王立地理学会の雑誌「Geographocal」の編集者であり、書籍は、ニュー・サイエンティスト、BBC オンライン、テレグラフ、ガーディアン、タイムズ、インディペンデント・オン・サンデーで発行されている。

訳者

川口　健夫　Takeo Kawaguchi

北海道大学薬学部卒、薬学博士。米国カンサス大学、帝人生物医学研究所、城西大学薬学部などを経て、城西国際大学環境社会学部教授（ハーブ・アロマテラピー担当）。社団法人 ニューパブリックワークス理事。ホリスティックサイエンス学術協議会事務局長。

著書：「薬と代替療法　リフレクソロジー&アロマセラピー」

共著書：「Pharmacokinetics, A modern view」「新しい図解薬剤学」「癒しの島と新タラソテラピー」など。翻訳・共訳書：「マリー・アントワネットの植物誌」「プロフェッショナルのためのアロマテラピー第3版」「自然療法ハンドブック」「ハーブの安全性ガイド」「精油の化学」「エッセンシャルオイルの特性と使い方」「味とにおい」「ティートリー油」など多数。

キューガーデンの植物誌《しょくぶつし》

●

2015年6月30日　第1刷

著者　キャシィ・ウイリス
　　　キャロリン・フライ
訳者　川口《かわぐち》　健夫《たけお》

装丁　川島　進（スタジオギブ）

発行者　成瀬　雅人
発行所　株式会社　原書房
〒160-0022 東京都新宿区新宿 1-25-13
電話・代表　03-3354-0685
http://www.harashobo.co.jp　振替　00150-6-151594
印刷・製本　中央精版印刷株式会社

ISBN 978-4-562-05167-0 C0022　Printed in Japan